图解灾害百科丛书

# 洪 涝

谢宇 主编

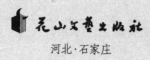
花山文艺出版社

河北·石家庄

**图书在版编目（CIP）数据**

洪涝 / 谢宇主编. -- 石家庄：花山文艺出版社，
2013.4（2022.2重印）
　（图解灾害百科丛书）
　ISBN 978-7-5511-1103-4

Ⅰ．①洪… Ⅱ．①谢… Ⅲ．①水灾－灾害防治－青年
读物②水灾－灾害防治－少年读物 Ⅳ．①P426.616-49

中国版本图书馆CIP数据核字(2013)第128594号


丛 书 名：图解灾害百科丛书
书　　名：洪　涝
主　　编：谢　宇
责任编辑：师　佳
封面设计：慧敏书装
美术编辑：胡彤亮
出版发行：花山文艺出版社（邮政编码：050061）
　　　　　（河北省石家庄市友谊北大街 330号）
销售热线：0311-88643221
传　　真：0311-88643234
印　　刷：北京一鑫印务有限责任公司
经　　销：新华书店
开　　本：880×1230　1/16
印　　张：10
字　　数：190千字
版　　次：2013年7月第1版
　　　　　2022年2月第2次印刷
书　　号：ISBN 978-7-5511-1103-4
定　　价：38.00元

# 目　录

# 一、认识洪水

　　水是生命之源，是地球上极其宝贵的资源，人类依靠水来生存，万物的繁衍生息同样也离不开水的滋润。但是人类在享受水资源的同时，也受到了水灾一次又一次的威胁，这些威胁，有自然因素，也有人为因素。例如，人类对森林的大肆砍伐，造成严重的水土流失，年复一年，水没有了森林的阻隔与保护，开始泛滥成灾，给人们的财产带来了巨大的损失，更吞噬了无数的生命。如果我们能提高对自然的保护意识，加强对洪灾的了解，增强避险自救的常识，那么，我们就能更好地避免灾难的发生，就算在洪灾发生时，也能减少对我们生命财产的威胁。

# （一）洪水概论

## 1.地球上的水资源

洪水灾害是自然界一种极其常见的自然现象，它的形成不是一朝一夕就可以完成的，而是有一个过程，要想更清晰地知道洪水的形成过程，首先，我们来了解一下水循环体系和河流、泥沙及平原的关系。

众所周知，地球是一个蓝色的水的星球，水是地球上最主要的组成部分，也是最重要的物质。在地球上，海洋的面积约占地球总表面积的71%，它们不仅参与、促进地理环境的形成与发展，也推动了生物文明的产生与变革。

地球上水的循环从来没有停止过，海洋是这个庞大水圈家族的最重要成员，大约97%的水在海洋中，其余的3%是河流、湖泊、地下水、大气水分和冰。若把这3%再来进行分配，那么在冰川里储存着77%的水，地下水占22%的比例，而江河湖泊中的水则占不到1%。虽然这不到1%的水看起来比例非常小，但是其对自然界的力量和对人类的功用却不可小觑。

河流中的水资源由涌出地面的地下水和降水组成，这些水首先汇集于

低洼处，受地球重力的作用形成洼地流动，然后顺着天然的泄水通道流淌下来，由此可见河流这个词是河槽和水流的总称，河流还起着输水、输沙的作用。

**（1）水的循环过程**

太阳照在海陆表面的江河湖海上，水分被蒸发进入大气，在空气中凝结，形成雨降落下来，其中大部分仍然归属于海洋，还有一部分则被输送到陆地。降落到地面的水不会因此停止它的循环，这些水或者汇入江河重新流入大海，或者从湖面蒸发再次进入大气，其他不在江河湖泊的水，一部分借助植物的蒸腾返回大气，一部分则渗入地下形成土壤水和浅层地下水，如此循环往复。

**（2）洪水和水循环的关系**

从全球水循环的整体角度来分析，洪水与水量的分布变动有关。例如，某个地方降水量的大幅度增加，或者由于气温的影响，地表的冰融化——固态水转化成液态水，进入河道，这样过多的水被聚集到一起，使得河道排泄能力超负荷运作，试想一下河流中的水不过地球总水量的1%，那么极小的变化就会使得防洪堤被毁，泛滥成灾。因此在考察洪水时，全球的变化都不能忽视，要有整体观。

## 2.河流给人类带来的利弊

### （1）河流

汇集在地面低洼处的地下水或大气降水，在重力作用下，周期性地或经常地沿流水本身形成的洼地流动，就是河流。河流是水流与河槽的总称，是在一定的地质和气候条件下形成的天然的泄水通道。河流是输沙、输水的通道，河流的集合是水系，河流的集水区域是流域。

洪水的形成过程、产生和泄洪规律受到河流、水系与流域的共同影响。所谓水系是众多河流的集合，流域是河流的集水区域。一条发育成熟的天然河流，一般由河源、上游、中游、下游和河口五个部分组成。

常见的河源有溪涧、泉水、冰川、湖泊或沼泽等；上游是河源的延续，也就是整体的河流上段部分，多在峡谷深山，河槽深浅不一，河道较

窄，水流量小，落差大，最易形成急流和瀑布，河谷下切也侵蚀强烈；中游即河流的中段，流经地段一般多为丘陵岗地或部分平原地带，河面宽阔，河床坡度较缓，河水流量较大，水位落差较小。下游是河流的下段，流经地带多为冲积平原，河道虽宽，但是浅，水流量大，流速平缓，河势易发生变化；河口也就是河流的终点了，河水由此流入海洋，或是湖泊、水库等地方。

区域降雨形成的水，通过不同渠道，最后汇入河流，那么这个区域就是该河流的流域盆地。一般河流越长，流域面积也就越大。流域的分界线通常位于山区，叫作分水岭。

河床的坡度也叫作河床梯度，是河流的重要特征之一，河床坡度是用一段河床的垂直落差（米）与水平距离（千米）的比值表现出来的。一般情况是河流上游的河床坡度较大，越来越小，至河口段坡度为最小。水流速也是如此，上游流速快，落差也很大，到了下游便变得逐渐平缓。随河水冲积下来的泥沙沉积明显，两岸也多为冲积平原。

亚马孙河、尼罗河、长江、密西西比河和黄河同为世界五大河流。其中亚马孙河是流域最广、流量最大的河流，居世界首位。全长6400千米，流域面积705万平方千米，每年入海水量达到6600立方千米，占世界河流总入海水量的1/6。

我国境内也有7大河流，分别是：长江、黄河、松花江、珠江、淮河、海河、辽河。其中长江全长6397千米，流域面积超过180万平方千米。

（2）泥沙

河流在不断的运动过程中，不仅输送水体，还有大量的泥沙和化学物质等固体物质，这其中泥沙占90%，其他物质占10%。由此可见，河流也是自然物质循环的重要通道。据科学统计，全世界的河流每年要向海洋输送水量数万立方千米和数十亿吨的固体物质。尤其是在洪水季节，或是流经水土流失严重的区域，如黄河，如果是在洪水季节流经黄土高原，两个条件同时存在，这时的泥沙等悬浮物所占的比例就会大大增加，每吨水中固体物质的含量高达30千克。

河水的流速和固体物质的颗粒大小直接影响到河流的输运能力。流速越快，输运固体物质的能力就越强，固体物质的颗粒越小就越容易被输运；同样的流速下，固体物质越大就越不容易被输运。

一般情况下，河流的上游地区，地形较为陡峭，河道相对来说也比较

狭窄，河床坡度比较大，岩石和土壤不断被湍急的河水侵蚀，从而形成峻峭的峡谷；但是河流的中下游地区，情况就有所不同，河床越来越宽，河流速度变慢，搬运能力下降，河水所携带的泥沙等固体物质就慢慢沉积下来。例如，黄河到了下游水流速度变缓，不能再输运大量的固体物质，故而固体物质沉积下来，形成了今日的"地上悬河"。

河流在同一地点的不同季节，搬运能力也有所不同，汛期河流流量大，流速高，沉积在河床底部的泥沙则会被冲走；非汛期河流流量小，流速也较低，河水输沙能力下降，颗粒较大的泥沙便会在河床上沉积。

### （3）冲积平原

我们的地球地壳在不断地变化，长期以来地壳的沉降区域，不断地接受着四周高地剥蚀下来的碎屑物质，这些碎屑物质大多由河流输运而来，渐渐把高低不平的洼地填埋的平坦起来，最终形成了平原。冲积平原的形成，从名字上便可略知一二，是因河流输运的固体物质沉积而形成的。比如，广阔的河漫滩平原、三角洲平原都是冲积平原。

其实，世界上的大平原绝大多数是冲积平原。例如，南美洲的亚马孙平原，面积为560万平方千米，是世界上最大的冲积平原。我国的华北平原也是由黄河、淮河和海河等大河合力冲积而成。自第三纪以来华北平原持续沉降，而每年经黄河的输运来自黄土高原的泥沙近16亿吨，久而久之在下游囤积而成一个大平原，沉积层厚数百米至上千米不等，总面积约为30万平方千米。

在平原的形成过程中，洪水在其中起着重要的作用。每当汛期来临，洪水来袭，水流量大，流速高，洪水挟带着大量的固体物质奔流而下，直至平原，冲溃防堤时，河流水量急剧减小，流速也随之减缓，因而固体物质便会沉积下来，慢慢地形成冲积平原。

冲积平原由洪水冲积而成，也是洪水泛滥的多发区。因为地势平坦，土地肥沃，人类多喜欢在这样的条件下生存和发展，当人类聚集于此，于是，洪水这种正常的自然现象也转变成为威胁人类的灾难。

综上可知，人类要在由河流造就而成的冲积平原上繁衍生息，就必定无法避免与洪水的斗争。

### 3.洪水三要素

由古至今，"洪水"一词一般被定义为大水的意思。广义上讲的洪水是指凡超过容水场所承纳能力的水量，产生剧增或水位急涨的现象。而将河流某断面流量从起涨至峰顶到退落的整个过程称为一场洪水。

洪水的三要素是：洪峰流量（或洪峰水位）、洪水总量、洪水历时。

在水文学中，通常用洪水过程线来表达这三个要素。

### （1）洪峰流量

洪峰流量，又简称洪峰。是指在一次洪水过程中，某一个监测站的横断面通过的最大流量，单位为立方米每秒（$m^3/s$）。洪峰流量所表达的是洪水过程线上那个处于流量由上涨变为下降的转折点，往往与最高水位出现的时间一致或相近。不同河流洪峰流量的差异很大，因此洪峰流量对于我们研究河道的防洪具有重要意义。

一般而言，同一河流、同一断面、不在同年的洪峰流量具有很大的差异，就算是同年的不同次的洪峰流量也有不同。洪峰水位是指一次洪水过程中与洪峰流量有关的最高水位，其出现时间和洪峰流量基本相同。在某

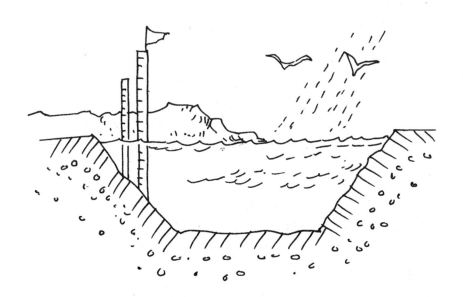

一个水文年内，洪峰水位最高时被称为年最高洪水位，年最高洪水位与年最大洪峰流量的出现时间不一定完全同步，但大致相同。

洪峰流量在一定程度上反映了洪水的严重程度，洪峰流量和洪水严重程度成正比，即洪峰流量越大，则洪水越大越严重。洪峰流量一般由于流域面积的增大和增加，但也有特殊情况，一些河流进入平原后，洪水就会大量地深入地下，水流会沿程减小，最后逐渐消失。

**（2）洪水总量**

一次洪水过程中通过河道某一断面的总水量叫作洪水总量。洪水总量等于洪水流量过程线所包围的面积。洪水总量一般不包括基流（深层地下水），这是为了便于和流域内其他场次的暴雨总量相比较。

**（3）洪水历时**

河道某断面的洪水过程线从起涨到落平所经历的时间，称为洪水历时。因为流域空间尺度变幅极大，所以洪水的时间尺度也有巨大的变幅。洪水历时主要受流域面积、河道特征及槽蓄能力、降雨时空分布、地表覆盖、地貌等因素的影响。

河道的洪水历时可以分为四类情况：短历时、中等历时、长历时和超长历时。

短历时洪水，一般在两小时以内，降水往往为局部雷阵雨，流量涨落明显，过程线有时呈锯齿形，直接反映降雨强度的变化。

中等历时，一般小于一天，洪水过程反映暴雨中心地区的降水情况和流域的调蓄能力，降水性质往往具有明显的大气运动系统特征。

长历时，可达5~10天，一般出现于流域面积在1万~20万平方千米之间的较大河流，这类大洪水可以对较大范围的地区造成严重水灾。

超长历时的洪水，多反映特大流域多次降水过程形成的洪水，流域面积多在10万平方千米以上。例如，长江中、下游在梅雨时期，降水和暴雨有时会数日不停，有时洪水常常能够持续50天以上。

## 4.洪水的分类

### （1）按形成原因分类

按照洪水的形成原因，可将洪水分为暴雨洪水、融雪洪水、冰凌洪水、暴潮洪水等。

暴雨洪水，是指由暴雨引起的江河水量迅增、水位急涨的洪水。暴雨洪水的特点是：强度大、历时长、面积广。因为洪水涨落较快，起伏较大，破坏力又强，所以经常导致巨大的经济损失和人员伤亡。

　　暴雨洪水的特点不仅取决于暴雨影响，也受流域下垫面条件的影响。同一流域不同的暴雨要素，如降雨范围、过程历时、降水总量、暴雨中心位置以及移动路径等，可以形成大小和峰形不同的洪水。

　　我国河流洪水的发生，最多的原因就是由暴雨而形成的，尤其是夏秋季节，发生的时间由南往北推移。

　　暴雨洪水又可细分为：上游洪水、下游洪水。

　　上游洪水一般又指山洪，因为河流的上游多在山区，地形复杂，降雨一般由小气候条件决定。当暴雨发生时，山谷中的水流量会有几倍到几十倍的增加，最后咆哮而下，具有强大的破坏力。虽然这种洪灾发生的时间很短，影响的区域有限，但破坏力非常惊人。

　　例如，2005年6月10日，一场200年一遇的强降雨发生在黑龙江省宁安市的山区，致使沙兰河上游在40分钟内，降雨量达到150～200毫米，瞬间形成巨大山洪轰然而下，地处低洼的沙兰镇中心小学，整个操场顿时一片汪洋，洪水高达2米，从门、窗同时灌进了教室。当时300多名师生正在上课，除少数人跑了出来，多数师生都被淹死或闷死在教室里。

下游洪水的形成，一般是因为河流的流域出现大面积暴雨。致使河道排洪能力不支，洪水溃堤而出，并迅速淹没广大的平原低地。尤其下游平原多为人口密集、经济发达的地区，因而洪水的入侵往往会造成巨大的损失。

融雪洪冰是由冰融水和积雪融水而形成的汛期洪水，多分布在高纬度地区或是海拔较高的山区。其特点是：洪水历时长，涨落缓慢，受气温影响，具有明显的日变化规律，洪水过程呈锯齿形。在我国融雪洪水一般发生在4～5月份，冰川洪水一般发生在7～8月份。例如，前一年冬季降雪较多，到了第二年春夏季节气温回升较快的时候，就会导致大面积的积雪融化，从而形成较大洪水。

1996年的冬天，美国明尼苏达州和北达科他州下了多次比较大的雪，总厚度高达2～3米。1997的春天，雪融化后，大量的雪水涌入红河。4月18日，红河开始泛滥，洪水淹没300多栋房屋，10余万居民被紧急疏散。这次洪水不仅给当地社会经济造成了巨大的损失，极大地破坏了生态环境，还产生了2亿多吨的垃圾。

冰凌洪水，又称凌汛，是地处较高纬度地区河流特有的水文现象，是指由于大量冰凌阻塞形成的冰塞或冰坝截住了上游来水，导致水位囤积而不断增高。当气候转暖，冰块开始融化，或者水位上升到一定高度，洪水便迅速下泻，往往造成严重的破坏力。因此，要加强监测、在需要的时候采用轰炸破冰等手段来疏通河道。

在我国，冰凌洪水主要发生在黄河河道的宁夏、内蒙古、山东河段以及松花江哈尔滨以下河段。

例如，2001年12月20日，内蒙古自治区乌海市乌达区黄河凌汛决堤，河水淹没了桥西镇和乌兰乡等5个村落，受灾面积近50平方千米，约有900户、4000余人受灾，死亡大小牲畜4900余头，房屋道路受到严重破坏，15千米的乡村公路、6座扬水站被毁。

**（2）按发生地区分类**

按照洪水发生地区的不同，可将洪水分为山地丘陵区洪水、平原地区洪水和滨海地区洪水。

乌兰乡

由于地面和气候条件的不同，这几种洪水的性质和特点也有很大的差别。一般情况下，山地丘陵区洪水影响范围小，历时短暂，但是破坏力非常大，常常会毁坏建筑物，造成人员伤亡。并且这类洪水突发性很强，进行预测和预防比较困难，上文中提到的，造成巨大损失的黑龙江省宁安市沙兰镇的洪灾就属于此类洪水。

平原地区洪水的特点是积涝时间长，影响范围广。主要是由于来自上、中游山地或丘陵区的洪水峰量过大，排泄不畅，从而冲毁或漫过堤坝淹没平原造成的。由于平原地区通常是工农业以及城镇集中地区，洪水往往会造成巨大的经济损失。

滨海地区洪水主要是由台风暴潮、天文大潮以及海啸等造成的，其灾害的特点和致灾的因素又有很多不同。

**（3）按其他标准分类**

除此之外，洪水还可以按照不同的分类标准进行划分。例如，按洪水发生的流域范围，可分为流域性洪水与区域性洪水；按洪水重现期，可分为常遇洪水（小于20年一遇）、较大洪水（20到50年一遇）、大洪水（50到100年一遇）与特大洪水（大于100年一遇）；按照洪水发生的时间长短，可将其分为渐发性洪水和突发性洪水（如堤坝崩溃、山洪导致的洪水等）。

### 5.洪水频率、重现期与洪水等级

在已掌握洪水资料系列中，洪水要素实际出现的次数与总次数之比称作洪水频率。我们一般所说的洪水频率是指洪水累积频率P，P值越大，表示某一量级以上的洪水出现的机会越多，则该洪水要素的数值越小；P值越小，表示某一量级以上的洪水出现的机会越少，则该洪水要素的数值越大。

洪水重现期是指某一特定大小洪水出现的平均时间间隔。可以用洪水重现期来衡量洪水的大小，任何一条河流，都有与每一次洪水重现期相应的水位和特征峰值流量。如某一量级的洪水的重现期为10年，那么就称为10年一遇洪水；重现期为100年，就称为百年一遇洪水。重现期越短，表示洪水量级就越小，越常见；重现期越长，表示洪水的量级就越大，越是少见。一般情况下，洪水重现期是在洪水频率分析的基础上估算确定的。

洪水等级是确定防洪工程建设规模的一个非常重要的依据，是衡量洪水大小的一个标准。由于洪水特性的复杂性和洪水要素的多样性，洪水等级可以从不同的角度进行划分。通常情况下，我们是根据洪水频率（或洪

水重现期）来确定洪水等级。我国《国家防洪标准》认为：

> 洪水等级$N=1$的洪水为小洪水；
>
> $N=2$的洪水为一般洪水；
>
> $N=3$的洪水为较大洪水；
>
> $N=4$的洪水为大洪水；
>
> $N=5$的洪水为特大洪水；
>
> $N=6$的洪水为非常洪水。

地球表层环境由大气圈、岩石圈、水圈、生物圈共同组成，洪水即孕育其中，它的发生属于自然变异现象。如果只是发生在人迹罕至的地方，没有承受灾害的客体，就不会形成自然灾害；但是如果洪水发生在有人类活动的地方，尤其是人群密集区，对人类社会和自然资源、自然环境将造成巨大的损失和人员伤亡，于是形成洪水灾害。所以，洪水灾害的形成需要具备两个条件：

自然环境发生变异从而诱发洪水的形成；

洪水影响地区有人类居住或者分布有社会财产，即有承受灾害的客体，造成人员的伤亡和财产的损失。

洪水灾害是由人和自然相互作用产生的复杂灾害，其发生与危害对当地的各种自然环境条件以及人类活动产生重要影响。地球上不同大洲，不同国家，甚至在同一国家的不同地区，由于自然环境和社会经济发展水平不一，洪水灾害的发生和产生的影响也各不相同。如果洪水强度相同，经济水平高但防灾抗灾能力低的地区，洪水灾害的危害程度就高；反之，在经济水平低但防灾抗灾能力强的地区，危害程度就低。例如，同样大小的洪水会因河道的整治标准不同、两岸的工农业发展不同、人口密度和社会财产的集约化程度不同而造成不同的灾害影响。

# （二）了解洪灾

## 1.全球洪灾概览

洪水虽然是一种常见的自然现象，但是它经常发生在人口密集，经济发展繁荣，农业垦殖度高的地区，所以洪水直接威胁到了人类生命财产安全，中国是世界上洪涝灾害频繁且严重的国家之一。

例如，1998年的特大洪灾，涉及29个省份，农田受灾面积达到0.212亿公顷，成灾面积约0.131亿公顷，受灾人口2.23亿人，死亡3000多人，房屋倒塌497万间，经济损失高达1666亿元。

在各种自然灾难中，洪水造成的人口死亡率最高，占全部因自然灾难死亡人口数量的75%。纵观全球，洪水多发生在北半球暖温带、亚热带。其中中国、孟加拉国是世界上水灾最频繁肆虐的地方；美国、日本、印度和欧洲也较严重。

洪水发生的形式是多种多样的，有小的短暂洪水，也有大面积的土地遮盖被全部席卷而去的特大洪水。洪水产生的原因很多，一般情况下是由以下几种原因直接引发：

（1）强大的雷暴。

（2）龙卷风。

（3）热带风暴。

（4）季风。

（5）冰塞。

（6）融雪。

（7）在沿海地区，热带风暴引发的海啸、风暴潮以及巨大的海潮造成的河水溢流。

（8）大坝坍塌。

洪水形式莫测，时间长短变化无常，严重程度也时有变化，造成的危害极为巨大，因此洪水对人类的危害是不可小觑的，所以人类对于洪水灾害的防范是非常重要和必要的。

## 2.洪水与世界文明

在中国，"洪水"一词最早出现在先秦《尚书·尧典》这本书，该书对4000多年前黄河的洪水影响有明确的记载。

而非洲的尼罗河以及西亚的底格里斯——幼发拉底河关于洪水的记载，可以追溯到公元前40世纪。那么我们不禁会产生疑惑，什么是洪水呢?洪水灾害又是什么?我们在这个世界上生活，就注定与江、河、湖、海联系在一起。江、河、湖、海所含的水量因各种因素急剧增加，水急剧上涨，从而超过常规水位时的自然现象，被称为洪水。洪水现象的出现，常

常会威胁到滨湖、沿河、近海地区的安全，一旦洪水泛滥，就会造成巨大的经济损失和人员伤亡，我们把这称为洪水灾害。

而洪水是否具有灾害性，与当地的人为因素以及自然环境条件密切相关。

通常情况下，洪水灾害的发生与以下三个因素有关：

（1）存在诱发水灾的因素，如地震、暴雨、海啸、火山爆发等。

（2）存在受危害的对象，如受到洪水淹没而遭受巨大损伤的人及其财产。

（3）人的抵抗和防御能力。

洪水虽然是可怕的，但也并不是一无是处，洪水的发生在对人类的生活造成灾害影响的同时，也给人类带来了有利的一面。

例如，洪水可以让植被侵占河槽的速度变得缓慢，可以为鱼类提供更好的产卵基地，可以抑制某些有害水生植物的过度生长，为动物提供更好的隐蔽、觅食的生活环境以及繁衍栖息的场所；另外，洪水携带的泥沙经过一段时间的累积，在下游就会形成富饶的河口三角洲和冲积平原。

"大禹治水"和"诺亚方舟"的传说反映了人类最早认识洪水的情况。

　　"大禹治水"讲述的是我国尧、舜时期，人们经历的一场空前的洪水浩劫，洪水波及黄河和江淮流域，淹没了大部分地区，灾民流离失所，民不聊生，有一个叫禹的人善于治水，他吸收了父亲鲧治水失败的教训，变围堵为疏导，三过家门而不入，经过10多年的努力，终于将洪水制服，它的事迹被传为佳话流传至今。

　　在西方关于洪水的传说——"诺亚方舟"的故事记载于《圣经·旧约》中。上帝创造了人类后，又愤怒于人类变得邪恶，而要将其毁灭，唯独告诉了善良的诺亚，让其建造方舟，保全他一家人的性命，并把世上物种存留下来，后来上帝发动了洪水，诺亚方舟在无望无际的洪水中整整漂流了40天，方舟上面的人和物种却全都存活了下来。

　　由这两个传说，人们推断，在史前时期，地球上也许发生过一次历史性、全球性的大洪水灾害，几乎毁灭了刚刚萌芽的人类文明。巨大的灾难，给人类带来了深远的影响，于是人类一代代口传至今，成为有关洪水的最古老的传说。

　　洪水是灾难，却也为人类的发展做出了不可磨灭的贡献，世界各大文明的发展都和洪水有着密不可分的关系。黄河是中华民族的母亲河，孕育了华夏民族的辉煌文明。众多的部落氏族因为黄河洪水泛滥因而团结在一起。洪水的泛滥虽然冲毁了大部分土地和文明，但是却使土壤更加肥沃。例如，尼罗河每年6～10月份定期的洪水泛滥，养育了埃及这个文明古国。古希腊历史学家希罗多德曾说："埃及是尼罗河的赠礼"。印度文明也是靠着恒河与印度河水的滋养发展起来的。四五千年以前，人们利用一年两季的洪水和河流充沛的水量，推动了农业的不断发展，从而奠定了印度文明繁荣的基础。通过这些例子我们可以看出，人类的文明发展史和洪水有着密切的关系，并且这种关系还十分微妙。

　　当今世界，洪水灾害是影响人类生存与发展的最严重、最主要的自然灾害之一。就灾害对人类生存与发展的威胁程度以及发生的时空强度、时空范围而言，洪水灾害是一种非常严重的自然灾害。根据国际紧急灾害数据库资料，按照死亡人口、受灾人口、经济损失这三类指标，对全球各类自然灾害的影响程度进行排序。全球共有172个国家遭受2565次洪水灾害，占同期自然灾害总数的30.43%。洪水灾害是中国最频繁、最严重的自然灾害之一，严重威胁着生命财产和国民经济的安全。据不完全统计，我国平均每年因洪水造成的经济损失在150亿～200亿元，占国民生产总值的1%～2%，占全年主要自然灾害总损失的30%以上。其中七大江河中下游及沿海诸河是洪水灾害的易发区，这些地区人口密集、工农业生产发达、经济繁荣，这些区域面积近100万平方千米，集中了全国40%的人口、70%的工农业总产值和35%的耕地，每一次洪水，都会造成巨大的经济损失和人员伤亡。

从大禹治水、诺亚方舟以及人类文明的发源开始，人类和洪水已经战斗了数千年，洪水灾害也一直影响着人类的生存与发展，人们也利用洪水推动了农业的迅速发展。由此可见，人类和洪水之间有着密切且微妙的关系。认识、利用和防御洪水，对人们有着非常重要的意义。

### 3.影响洪涝的自然因素

在影响洪涝的各种因素中，气候条件、自然地理环境、暴雨洪水和水系特征都属于自然因素。显然，这些自然因素与洪涝灾害之间的关系各不相同。从成因关系来看，有直接因素和间接因素之分，洪涝灾害形成的直接因素是洪水和暴雨，水系特征和天气气候是间接因素，那自然地理环境属于什么因素呢？自然地理环境是背景因素。从影响因素的作用方面来看，有主次和大小之分，直接影响因素的作用是主要的，背景因素和其他间接因素的影响是次要的。

中国季风气候明显，地形复杂多变，是世界上洪灾泛滥最频繁的国家之一。

#### （1）影响洪涝的背景因素——地理环境

地理环境包括地貌、地形、海陆分布和地理纬度等，它们是决定各地不同气候特征的基本因素。我国的自然地理环境主要特点是：

地理纬度跨距大；

海陆分布对比明显；

大尺度地形差异突出。

我国位于欧亚大陆的东南部，纬度从北纬18度到北纬53度，南北纵跨30多个纬度。东临太平洋，海洋部分延伸至北纬4度附近的曾母暗沙，全境共跨越约50个纬度。受着海陆气团交替影响的季风气候形成的大气候带自北向南跨越寒温带、中温带、暖温带、亚热带、热带和赤道带共6个气候带，南北气温差异较大，气温南高北低，南方降水多于北方。西部深入欧亚大陆腹地，属于干燥的大陆性气候。

我国地势西高东低，按海拔高度自西向东概括为三级阶梯：

第一级阶梯，也是最高阶梯为海拔4000米以上的青藏高原，其中包括阿尔金山、唐古拉山、昆仑山、冈底斯山、祁连山和喜马拉雅山等著名山脉，尤其是喜马拉雅山脉平均海拔高度在7000米左右，珠穆朗玛峰海拔8844.43米，是世界上最高的山峰。第一阶梯气候干燥严寒，降水稀少，降雪为主，故而高山封顶积雪皑皑，终年不消。因此，在这一阶梯区域不存在洪涝问题。

第二级阶梯地带由云贵高原、黄土高原、内蒙古高原和秦岭、天山、阿尔泰山等山脉组成，海拔高度一般在1000～2000米，也包括达3000米左右的高山地区和海拔高度低于1000米的四川盆地、准噶尔盆地和塔里木盆地等。这一阶梯从南至北气候差别很大，洪涝灾害形式多种多样，多以山洪、泥石流为主，海拔较低的地段，也存在着河流洪灾。

第三级阶梯地带位于大兴安岭、太行山、巫山及云贵高原，直至海滨地区，一线以东，地形多为丘陵和平原，丘陵地区海拔在1000米左右，平原地区多在100米以下。这一阶梯地带的夏季因受海洋季风影响，气候炎热多雨，容易导致干旱，也时常出现洪涝灾害。

**（2）影响洪涝的直接因素——暴雨和洪水**

暴雨本身就是一种灾害性天气，常常会造成大范围山体滑坡、泥石流、涝渍灾害和城市内涝等，由暴雨形成的河流洪水又可造成更大的洪灾。

**（3）影响洪涝的间接因素——水系特征和天气气候**

暴雨和洪水是在一定的天气气候条件下产生高强度和大范围的降雨，

然后由地球下垫面组成的大小水系汇集形成洪水。暴雨和洪水又是形成洪涝的直接因素，那么天气气候和水系特征就成为造成洪涝的间接因素。

我国的天气气候有三大特点：季风气候特征显著、大陆性气候强、气候类型多种多样。

季风气候特征显著：尤其是冬夏风向都会有明显变化，受季风影响，气温和降水也会出现明显的季节性变化，从而引发洪涝或者干旱等气候灾害。

大陆性气候强：即冬夏两季气温表现明显。平均气温与世界同纬度其他国家和地区差别较大，冬季时温度低于同纬度其他地区，而夏季温度又高于同纬度其他地区。

气候类型多种多样：我国跨越六个气候带，又受不同地势的影响，全国各地的气候有着非常大的差异，从北到南不仅跨越寒带、温带、热带和赤道带，还受到山地、平原、丘陵、高原、盆地和沙漠等地形、地貌的不同影响，形成大小范围不等的气候小区，造就了洪涝灾害的复杂时空分布。

## 4.影响洪涝的社会经济因素

自然因素对洪涝灾害的产生以及造成灾害的大小起主要作用，没有暴雨和洪水，就不会发生洪涝灾害；另一方面，人为因素也是不容忽视的。人类的社会政治因素和经济因素在一定程度上影响着洪涝灾害的大小和严重性。从根本上说，若是没有人类社会，洪水不过是一种自然现象，根本称不上是灾害，正因为涉及人类的利益，这种自然现象才成为灾害。从历史的角度看，中国历史上洪涝灾害频繁并且严重的重要原因是：生产力低下，科学技术发展缓慢，没有有效地防灾救灾措施，社会长期处于动荡不安状态。

从发展的角度来看，随着中国社会经济的发展，洪涝灾害的频率也在加大，相对经济损失下降，绝对经济损失上升。这其中的道理其实很容易理解。

### （1）社会经济对洪灾的有利影响

人类社会是经常要受到各种自然灾害的侵袭，洪灾就是众多自然灾害之一，且最为常见。所以人类一直以来都企盼着没有灾难的世界。在原始社会，生产力非常低下，人类社会对洪灾的抵御能力几乎为零，所以洪水来了只能一跑了之。由于那时候还没有农业生产，也就不存在什么严重灾害后果。在古老的神话传说中，女娲练就五彩石补天，使洪水不再从天倾泻而下，止住洪灾。"女娲补天"的故事流传至今，这个故事从某个侧面反映了那个时期的人类祖先对洪灾无能为力，只能寄托于神的挽救，更表达了希望没有洪灾的美好愿望。到"大禹治水"之时，表现为人类已经具备了一定的生产力，并已经开始和洪水展开斗争，修筑防堤、疏导河道等工作，努力减轻洪水的威胁。随着生产力的发展，到春秋战国时期，修筑堤防已成为主要的防洪措施。

总之，在中华民族上下五千年的文明史中，人类一直在与洪水做着斗争。治理江河的水利史，不仅为各地区的农业经济区做出了重要贡献，更为人类留下了珍贵的水利瑰宝。例如，沟通湘桂的灵渠、四川的都江堰工程、横亘东西的长江黄河大堤、纵贯南北的京杭大运河、大江大河中下游星罗棋布的圩垸和抵御潮灾的浙江海塘等。创造了治水经验和科学方法。传说中的大禹治水"疏川导滞"方法，到明代地方志总论《湖广水利》总结的治水五法：凿坚、分盛、浚浅、决大、排急，对当今治水工程仍然有用。

新中国成立后，我国对水利事业非常重视，水利工程进入了一个全面快速发展的新阶段，对七大江河都建立了专门的水利机构，对各大江河也开展了一系列的综合治理。主要的治理措施可以概括为两大类：工程措施和非工程措施。各类措施又包括许多因地制宜的具体办法。

下面我们就以长江为例，1952年兴建的荆江分洪工程，在战胜1954年发生的特大洪水中，发挥了极为重要的作用。设想一下，如果没有建设荆江分洪工程，要确保武汉市的安全几乎是不可能的。到目前为止，长江上中游已经建了很多大中型水利工程。特别要指出的是，从20世纪90年代就已经开始兴建的长江三峡工程，被誉为治理开发长江的关键性工程。该工程在全面建成后，长江中下游荆江河段由能防御约10年一遇的洪水，提高到了可防百年一遇的大洪水。配合荆江分洪工程的运用，还可防御千年一遇特大洪水。在非工程措施方面，如水利立法、洪水预报、汛期防汛抢险临时措施和灾害赈济等，都有重大发展和保障。近年来，还纠正了以往发

展经济带来的许多负面影响，采取了如"平垸行洪""退耕还湖""封山育林""退耕还林""退牧还草"等措施。

**（2）社会经济对洪灾的负面影响**

社会经济对洪涝灾害产生的负面影响也是重大的和多方面的。

以黄河为例，从古至今，黄河流域一直是我国的政治、经济、文化的中心，被誉为中华民族的母亲河，是孕育中国文明的摇篮。但是由于黄河流经黄土高原，夹带了大量泥沙顺流而下，久而久之在中下游形成了一条"地上悬河"。这不仅仅是自然因素的原因，更是由于历史上长期动乱，社会不安的结果。例如，五代（907～960）时期，黄河流域战争频繁，社会的动荡不仅影响社会经济文化的发展，也对黄河的治理产生了很大的影响。仅黄河决口的次数，53年中就有37次，真是天灾人祸凑到了一起。

纵观我国历史，纷争不断，援引史学家的统计：自秦代至清末的2000余年，堪称盛世的仅150年，小康之世286年，小休之世234年，衰微之世466年，乱世则多至1035年。

另外，在人类社会的发展过程中，出于对不同的利益而对河道治理等产生的矛盾，也造成了一些负面的影响。如局部利益与整体利益的矛盾，眼前利益与长远利益的矛盾。最明显的是人口增加的问题，人们将水化田围堤建垸，加重了与水的矛盾，造成水土流失，湖泊面积缩小，虽然在一时建设了繁华的城市集镇，但从长远来看则会带来很多不利影响。

**（3）社会经济因素对洪灾的影响趋势**

自新中国成立以来，对江河水库等的治理和防灾减灾工作的重视一直没有松懈，可以肯定的是对于洪灾的正面影响已经起到了很好的效果，社会经济的发展对洪涝灾害的负面影响也逐步得到了控制。但是，人类社会的工业发展对大气污染仍是不可避免的，特别是工业化的发展造成二氧化碳排放量增加，促使全球气候变暖，全球变暖必然会影响到洪灾，所以要完全消除负面影响也是不可能的。洪灾所带来的损失除了自然气候的影响，更重要的是人类社会经济的迅速发展，经济越发达，洪灾所带来的损失也就越大，但是洪灾只能预防和减轻，却不能完全消除，所以必然会出现相对损失逐步减小而绝对损失上升的趋势。

### 5.洪水灾害的分布格局

在世界上，洪水灾害是一种极为严重的自然灾害，其分布区域通常在人口稠密、降雨充沛、农业垦殖度高、江河湖泊集中之地，如亚热带和北半球暖温带。中国和孟加拉国是世界上洪水灾害的频发地，日本、印度和欧洲许多地方也存在着较为严重的洪水灾害。

中国地域辽阔，有着复杂的地形，显著的季风气候，是世界上的水灾频发地之一，且有着较为广泛的影响范围。江河洪水威胁经常威胁到全国约35%的耕地、40%的人口和70%的工农业生产，而且在各种灾害中，因洪水灾害所造成的财产损失可谓"遥遥领先"。比如，长江、松江、嫩江流域1998年的特大洪水，造成约2200万公顷面积被波及，受灾人数1.8亿人，死亡人数4150人。

中国历史时期，水灾有着东西分异的格局，水灾相对集中的地方是青藏高原以东、燕北——鄂尔多斯高原以南的广大地区。1736～1911年，中国水灾高值中心大面积集中在华北平原，当时，这个区域的水灾最为严重，另外，还有别的高值区域，如江淮流域和甘肃河西以东地区，而东北地区，则很少见到水灾；1912～1949年，江淮地区仍为水灾高值中心，其转移最为明显的是，关中——陕南——河西成为重灾中心，东北松嫩平原出现另一个水灾中心，华北水灾中心有所削弱。水灾的空间分布有着向东和向西北伸展的特点，此外，水灾县始终呈现团块状的分布。通过对比，我们可以看出：

（1）中国水灾的宏观分异对应于人口分界线，即胡焕庸线，它是地貌——气候——人类活动互相作用的产物，其中，水灾的分界线被水灾承灾体控制，这在两个时段都有显示。

（2）中国水灾重灾区与暴雨中心对应最为明显的有青藏高原东缘的陕、甘、青接壤地区；它的分布呈团块状，主要对应于地貌格局，华北平原、东北平原、四川盆地以及长江中下游平原等最为典型。

（3）从历史的发展角度出发，可以看出水灾范围总体上的扩展趋势，即有向南方、向东北和向西北扩展的势态，与这密切关联的是人类开垦土地的进程。

　　1949年～1965年，中国水灾格局仍有着十分明显的东西分异性，胡焕庸线以东为主要的水灾县分布地，其中，二级阶梯以东是严重的水灾发生区域。1978年～1998年，中国水灾格局分异状况为东北——西南走向、东南——西北更替的四个梯度区，即北疆严重，胡焕庸线以东较重，半干旱地带次重，寒、旱区轻的格局。将1949～1965年段和1978～1998年段的中国水灾格局相比较，可以看出，其水灾高值中心由华北平原，尤其是以河南为中心的区域朝着南、北、西南方向扩展。而且，不管是在水灾县分布范围上，还是在程度上，前者都小于后者。

　　土地利用变化制约着中国水灾格局的变化，这可以从两方面看出来：一方面，平原地区人类活动转移方向，朝着低湿地发展，尤其是东北低湿地的开垦以及长江中下游地段的围湖造田建垸，已经造成了较大的影响；另一方面，乱砍滥伐林地致使水土流失严重，生态环境不断的恶化，特别是大兴安岭——青藏高原东缘一线的水源地的植被破坏，直接将山洪强度及其影响范围大大地加剧了。

## 6.我国洪水地区分布

在我国约50%以上的国土面积会受到洪水灾害的影响,由于气候和地形比较复杂,故而洪灾的形成原因和灾害种类也多种多样。时间和空间上的分布极不均匀,灾害突发性强,容易同其他自然灾害相互影响、转移、造成更大的灾害。

我国地域辽阔,江河众多,流域面积在1000平方千米以上的河流有5800多条。前面我们讲过,按照河流洪水的成因可以将洪水分为:暴雨洪水、融雪洪水和冰凌洪水三类。其中影响时间最长、范围最广、危害最大的是暴雨洪水。

暴雨洪水多发生于春、夏、秋三季,尤其夏季为多发期。暴雨也存在不同的特性。例如,暴雨强度、持续时间、暴雨面积、降雨总量、中心位置和移动路径等,不同的暴雨特性结合不同的流域水系,其形成的洪水特性也各不相同。

### (1)暴雨季节和地区特性

我国为季风气候,在夏季季风自南至北,从东往西先后影响,形成华南前汛期暴雨、江淮初夏梅雨期暴雨、北方盛夏期暴雨、东部沿海台风暴雨和华西秋季暴雨五大暴雨集中期。这期间内,暴雨洪水频繁,洪涝灾害也极为严重。

### (2)华南前汛期暴雨

华南地区包括我国大陆的广东、广西、福建和湖南、江西南部和海南地区,华南地区是每年受夏季风的影响最早的地区,时间大约是4月份前后开始,最晚10月份前后结束,4～9月份为雨季和汛期,这中间因受大气环流形势和天气系统的影响,又可分为前汛期(4～6月份)和后汛期(7～9月份)。前汛期受西风带环流影响,历时长的特大暴雨几乎都发生于这个时期,产生降雨和暴雨的天气系统主要是锋面、切变线、低涡和南支槽等。暴雨最短历时不足1天,最长可达5～7天。暴雨强度很大,24小时雨量一般在200～400毫米,特大暴雨在800毫米以上。

### (3)江淮初夏梅雨期暴雨

在长江中下游、淮河流域至日本南部这一近似东西向的带状地区的6

月中旬至7月上旬，受季风影响，会形成一条持久稳定的降雨带，使得这一区域出现特殊的连阴雨天气，降雨非常集中，且降雨范围广，历时长且频繁，是洪涝最集中的时期。因江南特产梅子在这一时期成熟，故而称"江淮梅雨"或"黄梅雨"；又因梅雨期气温较高，空气湿度大，衣食物品等容易发霉腐烂，故又有"霉雨"一名。在气象中梅雨季节的开始称为"入梅"；结束称为"出梅"。但近百年来"入梅"和"出梅"的时间差别很大，如1896年在5月26日入梅，1947年在7月4日入梅，早晚可以相差40天之久；又如1961年出梅于6月16日，1954年出梅于8月1日，早晚相差一月。一般梅雨期持续25天左右，1896年持续时间最长，为65天。其次是1954年持续了50天。最短的是1971年，只有6天。还有少数年份为"空梅年"，因为连续降雨日不足6天。江淮梅雨期暴雨强度不是太大，24小时雨量一般为400～500毫米。

**（4）北方盛夏期暴雨**

江淮初夏梅雨期过后，降雨带进一步北移，华北、东北和西南地区于

7月中下旬进入一年中降雨最为集中的时期。这个时期的暴雨发生频次约占全年比率的80%～90%，尤其是7月中下旬和8月上旬降雨最为集中，大多洪涝灾害发生在这一时期。北方盛夏时期暴雨特点是强度大、降雨范围小、24小时雨量一般为300～400毫米，山地迎风坡在800毫米以上，一场暴雨总量可超过2000毫米。

### （5）东部沿海台风暴雨

产生于热带洋面上空的台风，也是形成降雨和锋面的天气系统的一个非常重要的因素，台风暴雨经常会给我国沿海地区造成巨大的灾难。台风是在西北太平洋和南海热带洋面形成的一种很强的热带气旋系统，根据风力不同，划分为不同的级别：中心风力最大在12级以上的称为台风，10级至11级的称为强热带风暴，8级至9级的称为热带风暴，8级以下的称为热带低气压。一般情况下，西北太平洋上，平均每年生成台风28个，不过，也有较为特殊的年份，如1967年就多达40个，1951年只有20个。

虽然太平洋上全年都会有台风生成，但台风生成次数和登录次数仍然受季节的影响，有明显的季节性，尤为7～10月份最多，约占全年总数的70%，其中登陆台风大多集中在7～9月份，年平均7个左右，占台风总数的25%，由此可见四个台风中就会有一个登陆台风。台风是最强的暴雨天气系统，24小时雨量有时在1000～2000毫米之间，我国有很多特大暴雨记录都是由台风造成的。

### （6）华西秋季暴雨

每年9～10月份间，影响我国大陆地区的夏季风向南撤退，我国大陆东部地区开始先后进入秋季，气温下降，降雨明显减少，可以用"秋高气爽"来形容这一时期的气候特征。但在北起陕西、甘肃南部，南到云贵高原，西自川西山地，东至汉江上游和长江三峡的大陆的西南地区，这总面积约为60万平方千米的地区，出现第二个降雨集中期，气象学家称其为"华西秋雨"，水文学家则称其为"秋汛"，在当地民间又被称为"秋霖"。在这一时期，也会出现秋季暴雨，暴雨中心位于四川东北部大巴山一带，这秋季暴雨多为夜雨，降雨范围广，历时长，但降雨强度一般。拥有这些特点的秋雨，不仅为气象学家和水文学家所重视，自古以来更被许多文人雅士所乐道，写下许多脍炙人口的诗句，如"何当共剪西窗烛，却话巴山夜雨时"。

### （7）洪水季节和地区特性

洪水的成因不同，季节和地区特性对它的影响也不同。暴雨洪水的季节、地区特性同洪水季节的变化、地区特性的变化基本一致。通常情况下，降水的季节和地区特性可以用雨季和暴雨变化来反映，而洪水的季节和地区特性则可以用汛期和洪峰流量分布来阐述。

## 7.我国江河汛期分布

目前并没有一个统一的确定汛期的办法或标准，但大体上有两种办法可以划分：

一是根据水文站多年的观测，按照逐月或逐旬平均流量大小来确定汛期的开始与结束，水量超过一定的流量即为汛期开始，低于一定流量就是汛期结束；

二是根据水文站实测洪峰出现时间来确定汛期开始与结束时间。

我国各个江河汛期存在着明显的地区差异。不同的江河不同的干支流域，汛期的开始及结束时间早晚都各不相同，持续的时间长短也有很大的差距，其地区分布规律可以概括如下：

汛期的开始时间是从东南向西北推迟。

首先进入汛期的是珠江流域东部和长江流域江南诸河流，时间大约在每年4月上旬，随后淮河流域于5月底、6月初进入汛期，而黄河流域上游、海河流域和松花江、辽河等，则最晚至7月初才开始进入汛期。全国从最早到最晚入汛时间大约相差了3个月。

汛期的结束时间大体上是自北向南推迟。

最早结束汛期的是东北、华北各河流，大约在8月底。最迟的是9月底或者10月初才结束汛期的珠江流域西部和长江上游各河流。全国最早和最晚结束汛期的时间相差1～2个月。

全国各河流汛期的时间长短差别很大。

长江和珠江的汛期一般在4～9月间，历时将近半年；而华北和东北各

个河流的汛期一般在7～8月间，历时只有1个月左右。

## 8.我国洪水的峰量特征

衡量降雨的多少或者大小，通常是用降雨量来表示的。即在1小时、12小时、24小时等一确定时间内落在某单位面积上（如10平方厘米）的雨水深度来计算的。假设说今天的降雨量为50毫米，按照24小时和10平方厘米来计算，那么则说明24小时落在10平方厘米单位面积上的雨水有50毫米深。相同道理，衡量某次洪水的大小亦是用洪水流量来表示的，即在一确定单位时间内（通常以秒计算）流过某一河道横断面积的总水量（一般以立方米计算）。由于一次洪水过程中，流量大小会随时产生变化，所以人们一般用涨得最高的河流水位和流量最大时（洪峰流量）来反映洪水特征。

不同的流域因降雨而形成许多径流，这些水通过不断地汇集，最终流入河道，形成洪水。因此，洪水和洪峰的大小与降雨强度、降雨范围、汇水面积、持续时间和下垫面状况等诸多因素有关。

我国标准面积最大流量的地区分布有以下特点：

东西地域间差别很大。流量悬殊可达100倍，因为西部新疆、青海和西藏等属于气候干旱地区，流量很小，普遍在500立方米/秒以下，有的地区最大流量还不足100立方米/秒；而东部一些山区的最大流量在8000立方米/秒以上。

我国台湾省和海南省标准面积流量为全国各省区最大值，都在8000立方米/秒以上。奇怪的是，我国大陆地区的最大流量则出现在华中、华北和东北部分气候相对较干旱的地区，而不在降雨量最多的南方。

最大流量1000立方米/秒的等值线是从云南腾冲经四川康定、甘肃兰州、贺兰山、阴山向东北至吉林哈达岭、张广才岭、小兴安岭西侧。等值线以东以南为多暴雨洪水区，以西以北为少暴雨洪水区。

# （三）我国的洪涝灾害

## 1.洪涝灾害概述

一般来说，洪和涝是密不可分的自然现象，但也与人类的生活和社会活动紧密相连，因为它是在一定的地理、资源、环境、人口及社会经济条件下发生、发展的，自然因素和社会因素都会对其产生影响。

前面我们提到，我国的河流大多数属于雨洪性质，暴雨洪水是引发洪涝灾害的最主要的自然因素。而暴雨洪水的产生又与天气气候和水系条件相关联；天气气候和水系条件又是随着自然地理环境的不同而改变的，这些一系列的相互关系，都直接或间接地影响着洪涝灾害的类型、强度和时间与空间上的变化。

在人类的历史长河中，虽然人类社会一直扮演着洪涝灾害的受害者角色，但也不容置疑地对洪涝灾害施加着各种正面或者负面的影响。

### （1）正面影响

人类社会一直对洪涝灾害进行着积极的治理，并用越来越科学的方法采取个中措施，以减少和避免洪涝灾害带来的损失。

### （2）负面影响

人类社会活动的发展直接或间接地影响着大气层，影响着天气气候，致使暴雨洪水和水系特征的改变。

由此可见，洪涝和其他自然灾害一样，具有自然和社会两种属性。它不以人的意志为转移，遵循自然规律的变化，但也随着人类社会的存在而发生着相应的变化。

洪涝灾害很少独来独往，它经常与其他自然灾害相互影响，形成"洪涝灾害链"。如暴雨，它看起来不过是一种自然现象，但它会因为自然和社会环境的影响而形成洪水、泥石流、滑坡等灾害，而这些灾害有可能进一步造成水土流失、瘟疫蔓延等；再如台风，台风一般都携带着特大暴雨或者大潮的侵袭，给人们的生命财产带来严重的破坏与威胁；此外，地震也会引发洪水，2008年5月12日的汶川地震，因山体滑坡堵塞河道，形成

堰塞湖，使河水大量囤积，极可能造成特大洪灾。可见其他种类的自然灾害也都与洪水有着密切的联系，所以对于洪水的治理是多方面的。全面改善自然和社会环境，可以有效地防御洪涝灾害，也可使人们的经济效益和社会效益得到保障。

## 2.中国洪涝的特点

一直以来，洪涝都是我国最严重的自然灾害之一。洪涝地区十分广泛，我国一半以上的国土面积都受到洪涝的严重影响。每年，我国不同区域有不同程度的洪涝发生，一次严重的洪涝灾害会造成巨大的经济损失和人员伤亡。我国洪涝灾害的时空分布极不均匀，在时间上，存在着年际间的连续性以及长短不同的阶段集中性；在地区上，洪涝有着相当明显的差异。其中，洪水灾害有着极强的突发性，它同其他自然灾害有着极为密切的联系，可以互相转移，互相影响，产生灾害的连锁反应。

我国洪涝灾害的形成，受很多因素的影响，而且灾害种类也是多种多样的，下面我们来具体了解一下：

**（1）洪涝成因的多样性**

在我国，洪涝有着极为复杂而又繁多的成因。从大的方面出发，洪涝的成因可以分为人类活动因素和自然因素两类。人类活动因素对洪涝有着正负面的影响，倘若采取正确的措施，人类活动就会起到防御和减轻洪涝灾害的作用，否则就会有加重和制造洪涝的可能，另外，随着人口的不断增加，以及社会经济的不断发展，洪涝灾害造成的损失也在不断趋于增大状态。而自然因素则包含了三个方面，即背景因素——自然地理环境；直接因素——暴雨和洪水的产生；间接因素——天气气候和水系特征的变化。除暴雨和洪水以外，形成洪涝的直接原因还包括以下几个方面：垮坝、泥石流、冰凌阻塞河道、地震引发山体崩塌堵塞河流等造成的次生洪灾，以及受台风、寒潮大风、温带气旋和天文大潮的共同影响，从而造成的风暴潮灾害，其中，还有一种受海洋地震引发的强烈风暴潮——海啸。

**（2）洪涝种类的多样性**

我国地大物博，有着极为复杂的自然地理环境，千差万别的气候条件，众多的大小水系，特性各异的暴雨洪水，以及不尽相同的洪涝成因，使得洪涝种类也十分丰富。

从性质上来讲，我国的洪涝灾害可以概括为三大类型，即洪水灾害、涝渍灾害和风暴潮灾害。而每一类洪涝灾害又有若干小的灾种包含其中，比如，河流洪灾、垮坝洪灾、山洪灾害、冰凌洪灾以及地震、泥石流、山体崩塌阻塞河道而引发的次生洪水灾害，都是属于洪水灾害的类型；涝灾和渍害属于涝渍灾害类型；海潮涨溢、海水倒灌和海啸则属于风暴潮灾害的类型。

## 3.洪涝地区分布

季风气候在我国大部分地区盛行，因此，我国降水的季节性强，时空分布不均匀，部分地区降水高度集中。在我国大陆东南部地区有50%的区域为暴雨、洪水多发区；西北地区虽然暴雨较少，但是融雪、融冰洪水所占比例有所增加，也会造成一定程度的洪涝灾害。总体来说，我国大部分地区普遍存在洪涝灾害。

前面我们就提到过，我国有七大江河，自北至南依次为松花江、辽河、海河、黄河、淮河、长江和珠江。洪涝灾害绝大部分就集中在这七大江河流域。

黄河和长江孕育了我国5000多年的文明史，但是在洪水记载中，也是历史资料最长的两大河流，可追溯至2000余年前。

再者，地形、地貌、土壤性质和排水条件等因素和涝渍灾害的形成有着密切关系，故据此将耕地划分为五种类型：沼泽坡地、山区谷地、水网圩区、平原洼地、平原坡地。

从我国整体来看，易涝易渍的耕地面积沼泽坡地占的比例最少，其次是平原洼地，占据27.2%，最大的是平原坡地，约占46.1%。但不同流域的情况不尽相同，各种情况所占比例有所偏差。下面我们从北往南地剖析一下：

**（1）东北地区**

涝渍耕地面积主要以平原洼地和平原坡地为主，其次是沼泽坡地。

**（2）黄河流域**

涝渍耕地面积仍然以平原坡地和平原洼地为主，但比起东北地区各类涝渍耕地面积已经少了很多。

**（3）海河流域**

涝渍耕地的面积以平原坡地为主，占了黄河流域易涝易渍耕地的绝大部分比例，其次是平原洼地。

**（4）淮河流域**

本流域是耕地类型最全的流域之一，五种类型均在本流域存在，同样是以平原坡地为多，其次是平原洼地和水网圩区，这三种类型的涝渍耕地面积占总涝渍耕地面积的97.2%。

**（5）长江流域**

只有长江上游分布着少量的沼泽坡地，除此之外，其余四种类型的涝渍耕地比重相当。

### （6）珠江流域

珠江流域是一个比较特殊的区域，涝渍耕地较全国其他区域有着明显的差别。涝渍耕地面积主要以山区谷地、平原洼地和水网圩区这三种类型为主，其中山区谷地最多，占48.3%。

## 4.洪水和涝渍

### （1）洪灾和涝灾的区分

在我国古代，有关洪涝灾害的记载，全部称为水灾；在世界其他国家中，凡受水淹，导致灾害发生，都称为洪灾或洪水。为什么洪涝不分呢？这是因为洪涝难分。无论是古代还是现代，是中国还是外国，实际发生的水灾中，先涝后洪、先洪后涝或洪涝并举的情况非常普遍，并且难以分割。随着近代科学经济和技术发展，世界各国深入开展防灾减灾工作，并且形成了一套彼此不同的防洪和除涝的工程措施。

防洪工程措施主要是修建堤防、水库和分蓄洪区，加上一些临时性防汛抢险措施；而除涝主要是通过动力设备和排水工程快速排除地面积水。

另一方面，洪水与涝渍在危害性和水文特性方面也明显不同。俗话中总是将"洪水猛兽"联系在一起，听到这句话就可以知道洪水的来势有多凶猛了。它能在短时间内破坏房屋建筑和各种基础设备，毁坏农田庄稼，淹死人畜；而涝渍又称雨涝，一般强度较弱，来势较缓，主要是影响农作物生长，造成农业减产。随着城市经济发展，城市内涝积水也会影响商业经济和工业生产。因此，近代逐步形成洪涝之分：一般认为堤防溃决或河流漫溢造成的灾害称为洪灾；把当地雨水过多，积水长久不能排去，从而造成的灾害称为涝灾。

### （2）我国涝渍灾害的地区分布

我国涝渍灾害的地区分布主要受两大因素影响，即降雨量和地形，降雨量越多越集中的地区，地形越低洼平坦的地区，涝渍灾害也就越多并且越严重。我国地形呈西高东低形势，我国降雨分布呈东南多、西北少的趋势，主要江河自西向东流入大海。

我国的涝渍灾害主要发生在松花江、辽河、海河、黄河、淮河、长江和珠江七大江河中下游的广阔平原地区，集中分布在以下地区：

东北的三江平原；

松（花江）嫩（江）平原；

辽河平原；

黄河河套平原；

关中平原；

海河中下游平原；

淮北平原；

里下河水网地区；

江汉平原；

鄱阳湖和洞庭湖滨湖地区；

长江下游沿江平原；

太湖湖荡地区；

珠江三角洲地区。

由于涝渍灾害主要影响农业生产，因此可以用涝渍耕地面积以及涝渍面积占总耕地面积的比重来反映各地涝渍情况。七大流域地区合计的易渍易涝耕地面积约占其耕地总面积的29.9%，以东北地区和太湖、淮河、珠江等流域涝渍最为严重，其中淮河流域是我国最严重的易涝易渍地区。

### 5.洪涝时序分布

洪涝灾害是我国普遍存在的一种重大自然灾害，它在地域和时间分布上都极不均匀。洪涝的时序分布具有阶段性和集中性两个特点。

#### （1）阶段性

洪涝的阶段性也称波动性。例如，在某一时期，某江河经常出现洪涝灾害，使得灾情严重，而又在某一时期洪涝灾害较少，甚至出现干旱等现象。这种形式在时间分布上具有一定的周期性，两种状态交替出现。纵观历史，从汉代至民国，水灾发生频率较高的是南北朝、元朝和民国3个历史时期，相对来说，发生频率较低的是汉代、五代十国和明代3个历史时期。到了近代，对洪灾有了较为详细的记载。根据《中国水旱灾害》对全国近代洪灾阶段特征统计，这种阶段性表现得极为明显。

1848年～1945年，全国共经历了5次阶段性变化，即5个重灾期和5个轻灾期，平均持续时间大体相等，其中重灾期和轻灾期的周期长度平均19.6年，最长为25年，最短为15年。

1954年~1964年，这10年是我国洪涝灾害比较严重的一个时期，七大江河均发生了新中国成立以来最大的洪水，造成了巨大的经济损失和人员伤亡。

1965年~1997年，七大江河水势比较平稳，1980~1990年，洪涝灾害发生频率又开始呈上升趋势，

1949年以后，全国洪涝灾害变化仍然表现出阶段性特点。1954年~1964年，这10年是我国洪涝比较频繁、比较严重的一个时期，其间淮河、长江、海河、黄河、辽河和松花江等流域都发生了自新中国成立以来最大洪水，造成了严重的洪涝灾害，给人民的生命财产带来了极为严重的威胁和损失。全国农耕受到严重破坏和影响，受灾农田1000万公顷以上。在接下来的1965年~1997年，这一期间是洪涝灾害比较轻的一个阶段，除1975年外，没有发生大面积洪涝灾害。全国每年农田平均受

灾面积在480万公顷以上，还不到上一阶段的半数；1980年以后，洪涝灾害又趋向频繁和严重，1980年～1990年这10年，全国每年农田平均受灾面积上升至1055万公顷。1991年～1999年之间，长江、淮河还多次发生大洪水，造成了严重的灾害。

（2）集中性

在介绍我国洪涝灾害的集中性之前，我们先来了解"姊妹水"的概念：

1995年和1996年，1998年和1999年长江流域中下游都连续发生了特大洪水灾害，人们把这种连续两年出现大洪水或特大洪水的现象，称为"姊妹水"。

我国洪涝灾害的集中性体现在两个方面：

第一、洪涝灾害集中在少数特大洪涝年。

少数特大洪涝灾害年所造成的灾害损失，在洪涝灾害总损失中所占的比重很大。据当代我国洪涝灾害损失统计资料显示，在1950年～1990年，全国因洪水灾害死亡的人数为225517人，其中1954、1956、1963、1975年4年死亡人数就高达93217人，占41年水灾总死亡人数的41.3%；其他损失也是如此，在上述4年里，倒塌房屋数量占全国41年倒塌房屋总数的45.6%。

我国是一个幅员辽阔的国家，洪涝灾害虽然年年都有，但是，为什么主要灾害集中在少数特大洪涝年里呢？我们分析其中原因大致有两个：一、洪涝灾害轻重量级相差比较大，少数特大洪涝年无论在暴雨洪水大小、灾害持续时间或影响地区范围大小以及受灾人口等各个方面都要比一般洪涝年大很多；二、社会经济条件对一般洪涝的防范作用非常有效。

第二、特大洪涝年往往会连续出现或间歇很短。

从全国范围来看，从1840年以来，特大洪涝连续出现或间隔很短的实例非常多。例如，黄河流域1841年和1843年发生特大洪水，长江上中游连续发生1848年和1849年特大洪水，1947年～1954年先后有珠江、长江、淮河、辽河出现特大洪水。而20世纪90年代以来，长江流域屡遭洪水灾害，连续发生了1995年、1996年中下游大洪水，1998年流域性大洪水和1999年中下游大洪水。

## 6.洪涝与干旱

中国有句俗话：久旱必有久雨，久雨必有久晴。这句话总结了洪涝与干旱的不均匀分布和相互转换的关系。洪涝与干旱是属于气候变化问题，是降水不均匀分布产生的两个对立面。我国气候学家应用史书记载资料和考古发掘资料，分别对我国5000年干湿气候变化和近500年旱涝变化进行全面研究。研究表明，我国气候既存在大的干旱气候期和湿润气候期交替变化，还存在小的干旱期和洪涝期振动，大干旱期和大湿润气候期的历时长度各不相等，从几十年到数百年，小干旱和小洪涝期长度从10余年至数百年都有。其中，大干湿气候期影响范围为全国性，而小旱涝期振动存在地区性差别，七大江河的小旱涝期交替的历时长度和起止时间都不尽相同。

上面所说的干旱与洪涝在时间上的交替变化，是以年为单位的长时间尺度，而在一年以内的各个月、各旬，也存在旱涝交替现象。我国广大地区在每一年中，普遍发生前涝后旱、前旱后涝或两头旱中间涝的现象。

我国大部分地区为季风气候区，每年冬、夏季风强弱、早晚和进退变化都不相同，从而引起了洪涝与干旱在时间上的交替和地域上的不均匀分布。通常情况下，随着夏季风自南至北的推进，淮河流域和长江中下游容易形成初夏梅雨期洪涝和盛夏伏旱或秋连旱；珠江流域有前（4~6月份）、后（7~9月份）汛期之分，容易出现前涝后旱或两头涝中间旱；东北和华北地区多见春旱、夏涝和秋旱。这些变化既形成了各地区的洪涝交替，又造成全国洪涝与干旱的不均匀分布。

另一方面，由于全国各地的地理环境复杂，局部地区受天气系统和大气环流影响也存在差别，还会造成涝中有旱或旱中有涝的复杂洪涝分布。例如，1954年是新中国成立至今有名的特大洪涝年，江淮流域出现特大洪涝灾害，长江流域形成流域性洪灾，但在长江上游的嘉陵江中上游，局部地区却产生了干旱。

## 7.洪涝灾害的性质和关系

洪涝灾害包括洪水灾害和涝渍灾害，虽然洪水灾害和涝渍灾害是两个不同的灾种，但是它们又是密不可分的整体，因而统称为洪涝灾害。

　　我们从洪水的形成过程和灾害表现特点可以看出，洪灾是一种突发性非常强的自然灾害。在自然界众多的自然灾害中，洪水的突发性仅次于地震灾害。突发性的洪水通常都是具有局部地区性的洪水。如泥石流，山洪暴发和小流域洪水、风暴潮洪水等，这些洪水的形成过程很短，其形成到灾难发生用时不过一两个小时，有的仅需数十分钟，而造成的灾难损失往往是非常巨大的。

　　例如，甘肃省文县城北关家沟位于嘉陵江上游地区，在1982年8月6日这一天，因短历时大暴雨而诱发泥石流，洪水流速5～6米/秒，峰量达482立方米/秒，水头高8～10米，冲出沟口，直奔文县县城，一时间地动山摇，隆隆之声好似雷动，此次洪灾历时30分，最后抵达白水江，造成江水堵塞6分钟，形成面积约1700平房米的泥石流冲积扇，文县城内泥水深达2～4米，22人死亡，受伤19人，冲毁农田约13.33公顷，672间房屋和20千米公路，统计直接经济损失约300万元。

　　这种发生在山区的洪水灾害，溪沟、小河流域的面积一般不超过

100平方千米，但是由于水流落差大，洪水暴涨暴落，洪水的速度往往是惊人的，一般在2.5～3.5米/秒，最大流速可达6～8米/秒，突发性强，很难防范，故而破坏力非常大，历时1～10小时不等。当然，突发性的洪灾也不一定就持续时间短，如沿海地区的风暴潮最长持续时间超过100小时。

特大洪水也具有突发性，因为其由区域性洪水和流域性洪水共同组成，区域性洪水和流域性洪水的突发性造成的破坏大多只需数小时，而整个洪水过程有时要历时1～5个月。例如，1998年发生在我国长江流域的特大洪水就是这种情况，这次洪水淹没大量平原，吞噬农田无数，周边城镇也遭受了严重的损失。

涝渍灾害具有迟缓性，涝渍灾害与洪水灾害在时间分配上有两种情况，一种是有先涝后洪，另一种是先洪后涝。而且较之洪水灾害，涝渍灾害持续的时间比较长，范围更广，季节性也更强，造成的灾害不具有突发性，而是比较缓慢。

涝渍灾害的季节性强可从成因角度进行分析，湿度、降雨量、蒸发、持续时间、土壤排水能力和农作物需水量等因素都与涝渍有着密切的关系，故而不同的气候环境和地域环境使得我国不同地区的易涝时间有所不同。比如，长江中下游地区就有两个易涝季节：一个是春季低温阴雨期，另一个是初夏梅雨期。

### 8.洪涝的气候原因

洪涝形成的直接原因与大气活动的持续异常有关，当低槽、切变线、气旋、低涡等低值天气系统长时间维持或反复出现在某一地区时，这个地区就很有可能出现洪涝灾害。然而大气活动又受太阳活动、海洋、冰峰雪山、火山爆发等影响，甚至涉及人类活动的众多因素。太阳是地球气候形成的外部因子，其他均为内部因子。这些因子又可分为大气圈、水圈、冰雪圈、岩石圈和生物圈，其中大气圈、水圈、冰雪圈对地球气候的影响作用最为显著。

大气圈的构成是来自于覆盖在地表的大气，地球上的天气现象和大气圈的质量都主要集中、发生在对流层。地球大气的运动称为大气环流，在

大气环流中的天气系统往往是影响地球气象的直接原因，诸如干旱、水灾等。其中对洪涝灾害有影响的是副热带高压、阻塞高压以及季风气候。季风是指风向随季节变化而变化的气候现象。冬季时，风从大陆吹向海洋，气候干燥寒冷；夏季，风从海洋吹向大陆，将温暖湿润的空气凝结形成一阵阵季风雨。

我国位于东亚季风区，此区域是全球季风现象最为明显的区域之一。季风气候不同的气流给我国带来了明显的季节性变化和显著的气候特性，夏天炎热多雨，冬天寒冷干燥，且旱涝频繁。

## 9.洪涝灾害链

我们在前面就已经提到过，洪涝是自然灾害的重要组成部分之一，与别的自然灾害相同，它也具有社会属性和自然属性。洪涝的社会属性，就是作为自然灾害，它依赖于人类社会的存在，并随之而变化；而其自然属性，就是作为自然现象，它不会以人的意志为转移，而是遵循于自然变化规律，是一种客观存在的自然变化。

我国的洪涝有着众多的种类，不管它是以一种自然现象，还是以一种自然灾害为形态出现，洪涝都与其他自然灾害之间有着特定的联系，它们都能够根据各自的社会属性和自然属性，互相影响，互相转换。比如，暴雨既可以作为一种强烈降水的自然现象，又可以作为一种灾害性天气，在其处于不同的自然地理环境时，又可以演化为各种自然现象和灾害，如洪水、涝渍、滑坡、崩塌和泥石流等，而这些灾害还可以进一步进行演化，成为瘟疫、血吸虫、水土流失和次生洪涝灾害；我国东部沿海地区的重要灾害天气是台风，由其产生的特大暴雨又可以将以上的灾害演化过程重复一遍，台风与天文大潮的结合则可以转变为风暴潮灾害，如果进一步演化，又能够引发涝渍灾害和沿海低洼地区土地盐碱化灾害；此外，还有地震，它不但可以引起山体崩塌灾害，倘若堵塞了山区河流，又能次生洪水灾害。上面所说的各类灾害的演化过程，其主体基本上都是洪涝灾害，我们可以将其称为"洪涝灾害链"。灾害链中的各类灾害，都是通过对人类社会的生存环境产生影响，从而演化为别的自然灾害的。所以，对洪涝灾害进行有效的防御和治理，对人类的生存环境进行全面的改善，不但可以获得巨大的经济效益和社会效益，而且，还有着十分深远的实际意义，对此，全社会必须要有深刻的认识。

## 10.季风与洪涝灾害

### （1）季风的多年变化

我们前面提到洪涝灾害具有一定的阶段性，这种阶段性大多受季风的影响。例如，我国黄河流域和华北地区在20世纪60年代降水较多，洪涝灾害也发生频繁，到了1960年，气候突变，降水明显减少，呈现干旱趋势。多年以来，学者们通过大量的研究发现，这种气候阶段性的突变，不仅仅出现在我国境内，如北非、印度西北部以及日本北部的气候干湿突变都与其相一致，而这些地区正好连接成一条行星尺度的气候突变带。虽然有些地带的纬度不相同，但都位于夏季风的北部地区，对于大尺度的季风系统变化很敏感。调查表明，20世纪60年代气象要素场发生了反方向变化，故而导致了海陆温度场、气压场的梯度值减小，致使夏季风减弱，降雨量减小。由此可见1960年气候突变的直接原因就在于此。

另外，我国长江中下游的梅雨季也有这种时间尺度的低频振荡现象。例如，1958～1968年为入梅迟、出梅早的少雨期，而1979～1999年则为梅雨偏多期。

综上所述，事实表明季风是全球气候系统的重要组成部分，它的运动与变化，直接影响地球的气候，我们要对未来的气候状况作出预测，预防灾难的发生，就必须认识它。

### （2）季风的形成

季风的形成主要受海陆热力差异、行星风带季节变化和大地形三方面的影响。

海陆热力差异是指海陆热力性质的巨大差异，冬季时，大陆因寒冷而形成冷高压，海洋比大陆温暖，形成暖低压，于是底层风由大陆吹向海洋；夏季时，情况正好相反，大陆热而形成热低压，洋面形成高压，于是风从海洋吹向大陆。

行星风带季节变化是指北半球近地面存在的三支行星风带（即高纬的极地东风带、中纬的盛行西风带、低纬的东北信风带），随太阳直射角度变化而发生风带向南北位移的一种现象。这种移动会致使两条行星风带相

交，那么就会影响该区域风向往相反方向转变。低纬区北纬30到南纬30度这种现象最为显著。

大地形对季风的影响主要是由于大陆面积大，使得海陆间热力差异显著，所形成的冷暖气压很强，继而气压梯度季节变化也就越大，季风对此区域的影响也就越发明显。例如，我国的青藏高原地区，被称为世界屋脊，其地势对东亚和南亚的季风形成有很大影响。高高的青藏高原在夏季好似一个巨大的热源能量场，产生热低压，形成气旋性环流，高原东侧平原上空的夏季风因此得到加强，使我国东部平原在夏季时多降雨，水源充沛，此气候为农业生产的发展创造了良好的条件。到了冬季，青藏高原与夏季形成鲜明对比，热源能量场在此时又成了冷源能量场。构成冷高压，开始盛行反气旋环流，风力强，且为东北风。这种大地形的影响不仅仅对我国和北半球有影响，对南半球的澳洲陆地也有影响。比如，北半球处于炎热的夏季时，南半球的澳洲大陆即为冬季，如此形成热源和冷源，温度坡度的加大，促使季风区的季风更为强盛。

### （3）季风与洪涝的关系

我国位于东亚地区，这一区域的洪涝灾害一般发生在夏季，夏季风系统好似一个庞大的家族，它的强弱、进退都会对洪涝现象有所影响。若这个家族中的某一位成员位置或强度发生非正常变化，就有可能引发旱涝灾害。

构成亚洲夏季风系统的主要成员有东亚夏季风系统和印度夏季风系统。

东亚夏季风系统包括：

低层——澳大利亚冷高压及其北侧东经105度附近的越赤道气流、季风槽即热带辐合带、西太平洋副热带高压、梅雨锋；

高层——南亚高压（青藏高压）南支东风急流。

印度夏季风系统包括：

低层——印度季风低压和季风槽、索马里低空急流、南半球的马斯克林高压；

高层——青藏高压、高空东风急流、流向南半球的越赤道气流。

在我国，夏季风是从南向北推迟的。夏季风所到之处，雨量便会大幅

增加。但是，夏季风的来临、撤退以及在一个地区的持续时间，年际之间存在很大的差异。季风来临早、维持时间长的年份容易出现洪涝灾害，反之，会造成干旱。这些差异会影响我国降水程度、降水区域分布和旱涝区域分布。

夏季风如果很强，降雨带就会被迅速地推到北方地区，而使得北方多雨，长江中下游的梅雨期较短，造成严重的伏旱天气，引发旱灾；反之，如果夏季风弱的话，降雨带就会滞留在长江中下游地区，使得梅雨期较长，但由于雨量过多，容易引发洪涝灾害，北方则出现干旱现象。

因为我国处于季风气候带上，故而季风气候对我国气候的影响极为明显，尤其是夏季风和冬季风的异常变化，致使我国成为世界上受气象灾害影响最为频繁的国家之一。

**（4）厄尔尼诺与中国的洪涝**

厄尔尼诺现象又被称为厄尔尼诺海流，一般情况下，太平洋赤道带区域的热带季风洋流是从美洲走向亚洲，太平洋表面会保持温暖的气候，而厄尔尼诺现象则是由于海洋和大气相互作用致使这种正常的气候现象失去平衡，将温暖湿润的气候带走，热带降雨量明显减少。

厄尔尼诺现象出现时，太平洋沿岸的海面水位上涨，水温异常升高，且生成一股暖流向南流动，因而会使太平洋东部的冷水域变成暖水域。看似简单的冷暖转换，却会带来很严重的后果。例如，一些地区会出现海啸和暴风骤雨，还有一些地区则会出现旱灾或者降雨过多发生重大洪涝灾害。

厄尔尼诺现象的出现是具有周期性的，一般2～7年发生一次，它的全过程可分为发生期、发展期、维持期和衰减期4个阶段，每次历时1年左右。但20世纪90年代以后，全球温度呈明显变暖趋势，因而致使厄尔尼诺现象的出现越来越频繁。

厄尔尼诺年出现时的夏季，太平洋赤道东，海水温度异常升高、哈得来环流（气流在赤道上升，高空向北，中低纬下沉，低空向南）加强，西太平洋副热带高压强度增强。但由于太平洋赤道西的海水温度降低，致使大气对流活动减弱，副热带高压位置向南偏移。所以西太平洋副热带高压对厄尔尼诺现象产生的效果的响应一般要到第二年才能显现的明显一些。此外，由于亚洲北部的大陆上空常形成阻塞高压，这种高压致使西风带出现分支，其中南支锋区向南压，冷空气活动偏向南方，又因为夏季风弱，本应北上的暖湿气流势力减弱，故而因冷暖空气交错而产生的季风雨带也随之向南偏移，这样的气候使我国黄河及华北地区少雨干旱，而长江中下游地区则多雨洪涝。

近几十年来，大多数厄尔尼诺年，黄河以南地区成了中国夏季主要多雨带。1969年，长江中下游地区梅雨持续时间比较长，6月下旬到7月中旬多次出现大雨、暴雨，最终导致洪涝灾害发生。1983年夏天，长江流域梅

雨强度与1969年差不多，长江干流水位普遍超过警戒水位，新安江水库超过了历史最高水位。1987年和1991年也都是因为江淮梅雨持续时间较长降雨强度较大而发生洪涝灾害，华北夏季降水显著偏少出现伏旱。

1997年是强厄尔尼诺年，夏季主要多雨带出现在长江以南地区，而北方出现了持续高温少雨天气，由于长期的干旱，水资源严重减少，致使黄河发生了累计220多天断流事件；受这次厄尔尼诺事件的滞后影响，再加上其他因素的综合作用，长江流域在1998年发生了20世纪以来仅次于1954年的特大洪水。

厄尔尼诺年的秋冬季节，我国东部容易出现北方大部地区降水比常年减少，南方大部地区比常年增多的现象。

### （5）气候变暖

地球气候变暖已经成为一个事实，作为目前气候变化的一个重要论题，受到各国政府和人民及各个科学领域的广泛关注。

根据100多年的数据，我们可看到全球气候温差大走向呈明显上升趋势，地面平均温度已上升了0.3～0.6℃，到2030年，估计将再升高1～3℃。在全球变暖的事实面前，科学家不得不承认人类活动也是造成气候变化因素之一，但世界不同地区气候如何变化或者如何分布的问题，仍需要进一步详尽的研究。

### （6）全球变暖的危害

洪涝灾害频频发生，风暴潮与风暴浪袭击大陆，冰川消融，海平面水位上升，可能淹没沿海土地，甚至致使一些小国及岛国永远消失。更有甚者，气候的变化，海平面的上升会给人类带来毁灭性的打击，因为海岸受到侵蚀，红树林和珊瑚礁等生态群将会丧失，海水侵入沿海地下淡水层，使沿海土地盐渍化，造成自然生态环境失去平衡，从而引发一次次的灾难。

让我们来系统地设想一下，这并不仅仅是海岸线的灾难，大气层的破坏，使得太阳直射地球的光线更加强烈，加之地球水域面积的扩大，水分蒸发就会更多，冰川积雪也会加速融化，雨季也因此延长，降水率增大，从而引发大型洪水灾害，疟疾等传染性疾病将会更加活跃起来。仔细地想一想，这绝不是耸人听闻，如果不采取措施，总有一天，这些可怕的灾难会降临。

追溯至史前2.45亿年前，发生二叠纪大灭绝，96%的物种在灾难中灭亡了。后来，经过大自然的重新孕育，新的物种的出现又让地球上恢复了丰富的种群。或许自然界真的能够恢复一切，但1亿年的漫长过程，对于现代人类是没有意义的。

全球增温主要受人类活动因素的影响，同一气候条件在不同的地理区域、人口规模和经济领域变化也不尽相同。例如，在沿海地区及人口稠密的地方，植被覆盖率减小，土壤有机质含量降低，二氧化碳的释放增多，致使环境恶化，部分低洼地区遭受洪灾，被淹没，资源的减少很可能引发国际性的争夺战。

我国大部分地区位于季风带中，而全球变暖将会影响季风气候，使得冬季风减弱，夏季风增强，所以中国较之全球会有明显的暖冬气候，而夏季北方和内陆雨水会增多，更有可能出现强势的大暴雨。

全球变暖，水量增加对某些地区来说会产生有利的影响。例如，我国黄土高原地区，因为缺水而水土流失严重，降水增加固然对其有利，但在

　　改变形式之前，灾害有可能加重，造成更多的水土流失，这是我们不能不注意的问题。若对其善加利用，这些都是要等到温度和降水改变了生产模式之后的事情了。

　　气候变化还会阻碍工业化国家及发展中国家的经济发展，人类生存环境也会发生一系列的变化，自然环境和社会、经济都会遭受很严重的破坏，尤其是农业生产。据统计因全球变暖，全世界仅对农业生产影响一项，就不得不耗资几千亿美元。为防范全球气候变化而耗去的费用就占经济总产值的3%。

　　可见全球变暖这一现象是引起种种自然灾害（如地震、洪水等）频发的基本原因，故而将会成为人类生存的最大威胁。

## 11.洪水对中国经济和环境的影响

中国地大物博，却是洪涝灾害频繁发生的国家之一，洪涝会对社会经济和环境造成多方面的影响。

### （1）粮食减产量大

据相关资料统计，20世纪50～80年代，我国洪涝灾害中的涝渍灾害使得粮食减产量从平均每年50亿千克增加到每年91亿千克，在这40年期间，平均每年有62亿千克的粮食损失掉。如果以每年人均200千克的粮食消耗计算，这些损失相当于3100万人口被夺走全年的用粮。倘若将全部洪涝灾害造成的粮食减产量加起来，以洪涝总减产量：涝渍减产量=10：7这个世界上公认的洪涝灾害减产粮食比例来计算，我国在此期间，平均每年将近有90亿千克的粮食减产，几乎是一个中等国家的全年用粮数。

### （2）经济损失不断增加

我国发生的洪涝灾害造成的综合经济损失值在不断地上升，在20世纪50年代，为每公顷2190元；60年代，为每公顷3255元；70年代，为每公顷5880元；到了80年代，已达每公顷12120元。洪涝综合损失值受经济发达程度的影响，经济愈发达的地区，造成的损失也愈大。比如，在20世纪60年代，江苏省的太湖流域地区，其洪涝综合损失值略高于全国平均值，为

每公顷5565元；但到了80年代，随着经济的迅猛发展，其值已跃升为同时期全国平均值的2.5倍，为每公顷30000元。

### （3）生态环境与土地资源的破坏

暴雨、洪水、山洪、内涝和泥石流等洪涝造成了土地沙化和盐碱化、江河湖滩淤积以及大量水土流失等众多危害，而且，在短时间内，这些危害是不容易被消除的。比如，在北方黄土高原的严重水土流失区域内，每年平均会有10毫米的表土被剥蚀掉。由于南方和北方山地丘陵的表土本身极为稀薄，对土壤的剥蚀就会产生更大的影响。

# 二、洪水的预防与治理

## （一）洪水预防

### 1.洪水来临前的预兆

#### （1）强台风的到来

强台风到来时，往往携风带雨，因此增加降水。

强台风还可能导致海啸，海水淹没陆地。

台风暴雨造成的洪涝灾害，来势汹汹，破坏力极强。海水冲上陆地，便会毫不留情地卷走一切，人和物都难以幸免，且会引发滑坡、泥石流、疫病等。

#### （2）上游或本地连降大雨

上游连降大雨，会导致河道水量增加，并影响本地降水次数。

本地连续降雨，多日不停，很可能导致河水越堤，形成洪水，所以应多加防范。

区域性的持续降雨、暴雨，很容易发生区域性的水灾，故而应充分做好防灾准备，尤其是住在低洼地区的居民应考虑转移到安全的地方。

#### （3）高山融雪及冰凌

由于季节的变化也容易引起突发性的水灾，如春季气候转暖，迎来融

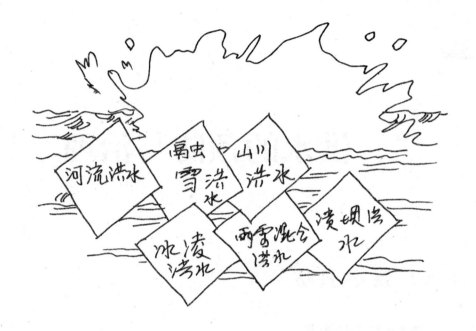

雪及融冰期，从而导致水灾的发生。

融雪洪水主要发生在高纬度积雪地区或高山积雪地区。当高山地区积雪偏多偏厚，入春后遇上急剧升温天气的影响，极易发生融雪洪水。

冰凌洪水主要是指流向高纬度的河段，使河段处于不同的纬度位置，会导致结冰期和融冰期有先后之别，如果流向高纬度的河段被结冰部分阻塞，会发生冰封河道，导致洪灾。

除此之外，洪水还可能由以下几种原因直接引发：强大的雷暴、龙卷风、热带风暴、季风等。

### 2.洪水来临前的准备工作

我国幅员辽阔，水文地理构架特殊，几乎每年都有或大或小的水灾泛滥发生在某些地方，而河谷、沿海地区及低洼地带则是重大水灾的常发地。因此，在暴雨时节来临之际，这些地方的人们就必须时时加以防范，避免造成严重的损失。那么，应该做哪些准备工作呢？下面将一一为你揭晓。

**（1）洪水警报，防范洪水的"预防针"**

在雨季，要时常注意收听收看天气预报。当有暴雨或大暴雨的连续播报时，地处河谷低洼地带、沿江沿湖地区的人们，就要提高警惕，随时关注洪水警报预告水面可能上涨到的高度和可能影响的区域。所以，常常关注警报内容，对于防范洪水是一剂必不可少的"预防针"。

如果洪水警报已经预告了洪水来临的信息，一定不要惊慌失措，要镇定下来，思索怎么让这一剂"预防针"起到更好的效用。

第一，根据收听到的洪水信息和所处的地理位置，选择正确的撤离路线。

第二，关掉煤气阀和电源总开关，以免混乱中引起火灾或漏电伤人。

第三，迅速将家中的贵重物品搬到楼上，或放置于高处，如衣柜、桌

子或架子等上面，以防被水淹没。

第四，如果是地处河堤缺口、危房等风险地带的人群，更应快速撤离现场，迅速转移到高坡地或高层建筑物的楼顶上。此时不要斤斤计较于家中财物，更不能只顾家产而忘记生命安全。不过，有条件的话，可将不便携带的物品照相，进行防水处理，然后埋入地下或放在高处，轻便的钱财可以贴身携带，若还有时间，可以在离开住处时，把房门窗户关好，那么就算洪水退去后，家中的财产也不会随波漂流掉。在城市中，避难所通常选在距家最近、地势较高、交通较为方便的地方，最好还有上下水设施，有较好的卫生条件，能与外界保持良好的通信联系。若在农村，则可选择河堤或高地作为避难处，也可以爬到高大的树上等候救护人员营救。

**（2）物资，生存的前提**

在洪水来临前，做好必要的物资准备，是成功避险的前提。那么，所要准备的物资有哪些呢？你不妨参照一下：

一台无线电收音机，以便随时随地收听、了解各种相关信息。

大量的饮用水、罐装果汁和保质期长的食品，为防发霉变质，须捆扎密封。如果携带方便，最好预备一些高热量食品，如巧克力、饼干等，有条件的话，还可喝些热饮料，以增强体力。

保暖的衣物及药品，以防发生感冒、痢疾、皮肤感染等疾病时束手无策。

手电筒、蜡烛、打火机等，以便照明取火。

旗帜、颜色鲜艳的衣物等，以便遭遇不测时作为求救信号，利于营救人员搜寻。

移动电话、口哨等，便于通信与呼救。

加满油的汽车，以保证随时可以开动。

**（3）防水墙，住宅的"防卫兵"**

洪水与暴雨之后的激流不同，它的流动比较缓慢，所以，在发生洪水时，一般都有充分的警戒时间。对于可能发生的汛情，首先要做的是在门槛外垒一道防水墙，如果预料到洪水的涨幅会很大，那么还应在底层的窗槛外垒加。沙袋是垒叠防水墙的最好材料，其制作也比较方便，

将沙子、碎石、泥土、煤渣等装入麻袋、塑料编织袋或米袋、面袋里面即可。在沙袋垒起来后，在门窗的缝隙处塞堵旧地毯、旧毛毯、旧棉絮之类的东西，这样，一道防水墙就如同"防卫兵"一样守护着住宅，以免遭受洪水的侵害。

### 3.防范水灾伤害的方法

我们都知道，水灾多发原因主要是因为多日连降暴雨排疏不畅，或因洪水暴发、河水泛滥等。那么，你知道如何防范水灾伤害吗？

关注自然灾害及可能造成灾害的各种自然现象，如发现各种异常的前兆现象或防灾设施的缺欠，应及时向有关部门和相关单位报告，强化防灾意识。

当收到有关自然灾害的警报时，要及时注意并收集灾害情报，还要确认情报的可靠性，然后采取必要的防范措施。

加强和完善生活环境中的防灾措施，把可能造成的损失降到最低。例如，洪水浸入屋内之前，储备医疗用品、饮用水和食物，转移贵重物品，筹划应急措施等。很多微小的事物在灾害中都能起到非常重要的作用。

　　事前应做好避难防灾的各项准备工作，如准备必要的衣物、饮用水、食品等，收集可用于求救信号的物品，等待避难命令等。当发现危险迫近时可以避免陷于被动，造成不必要的人员伤亡和财产损失。

　　做好救援和等待被救援的准备。遇到意外灾害来不及避难时应采取及时自救和求救措施，被洪水围困时可以先攀上较高位置，如屋顶、树上采取紧急避难，水位持续上升时扎制救生木筏，发出求救信号，等待救援。同时也应当在有能力时积极援救周围的遇难者。

　　还有很重要的一点需要提醒：遇到水灾，最重要的是选择安全可行的避难路线逃生。避免在途中遇到洪水的袭击和意外事故。

### 4.洪水来临前应采取的安全措施

服从当地政府或有关救灾部门的统一安排，做好防汛的安全准备工作，或提前带好相关物资转移到安全地带。

接到洪灾警报时，立即组织行动，落实各种防范措施，排除隐患。

提前疏通附近的排水沟，在人群聚集区的周围修筑围堰、拦洪坝等防水设施。

妥善安排，保管好家中贵重财物，并做好防水措施。

离开住所时，切断水源、电源、气源，锁好房门。

### 5.汛期防洪工程需要做哪些检查

我国是洪水灾害发生频繁的国家之一，每年政府相关部门都要准备大量的人力、物力和财力来应对防洪抗险之中。汛期来到时，无论是各级部门各级领导，还是日夜坚守在防汛一线的人员都处于随时备战的状

态。防洪抢险物资（如石料、土料、麻袋、木料、水泥、钢筋、炸药、交通运输工具车辆和抢险设备物资等）、资金及人都不得因任何事、任何人而挪用。

防洪工程的建设往往会受到自然因素的作用和人为活动的影响，如工程中存有缺陷，而没有及时发现或者处理，当险情发生时就会措手不及，造成严重的损失，所以要经常巡视和观测，如发现问题就要及时处理。

经常性检查防浪墙、堤顶路面、坝坡有无开裂、堤体上游护砌以及下游排水体排水是否畅通。

检查堤防是否发生塌坑。

检查浆砌石护坡有无裂缝、下沉、折断或垫层掏空，干砌石护坡有无翻起、松动、垫层流失、架空和草坡护坡及土坡有无坍陷、冲沟、裂缝、雨淋坑等现象。

大风期间要多加注意观察波浪对堤面的影响，块石护坡有无破坏。

检查堤下老河槽、台地及堤防下游坡等，注意有无阴湿、渗水等现象。

检查堤身有无隐患，如兽洞、蚁穴等。

## 6.易受水灾侵害的居民日常防范措施

水灾多发生在沿海、河流以及低洼地带。住在这些地方，经常会遇到风暴或大雨，必须格外警惕小心。因为气候等原因洪涝灾害的发生具有不可避免性，不能抱有侥幸心理。做好充足的预防准备才能有效地减免灾害造成的损失。大部分地区都有水灾报警系统，发现自然灾害前兆，首先应该立即报警。

有意识的多学习一些关于自然灾害的防灾、减灾知识，汛期时候多加关注天气状况，及时了解天气变化，家庭做好各种防护措施和必要物品的配置，以备不时之需。

经常留意汛期时候的洪水情报，积极配合防汛指挥部门的统一部署，及时做好灾前准备和迅速避难。

地处洼地的居民更要多加防范，事先备好沙袋、挡水板等物品，或砌好防水门槛，阻止洪水进入室内，保护好室内财产安全。

有条件的，家中可以备好船只、木阀、救生衣等，并定期检查是否可以随时使用。

### 7. 防汛抢险

自1949年以来，我国中央政府先后成立了"中央防汛总指挥部"和"国家防汛指挥部"。各省、市、地、县也成立了"各级防汛指挥部"。各级防汛指挥部都由各级主要行政首长任指挥，水利部门的领导任副指挥。各地驻军领导及各级相关部门（如财政、交通、邮电、物资、能源、气象等部门）指定专人参与指挥部工作。防汛的日常工作由各级水利部门设置的防汛办公室负责。此外，各大江大河流域机构为统一防汛调度制定具体方案还设立了专门防汛部门。

我国针对洪水提出了"以防为主，防重于抢"的方针，用以指导全国的防汛抢险工作，那么"防"和"抢"具体是如何表现的呢？

"防"是预防，就是及时了解雨情水情，加强防范；"抢"是抢护，指一旦出现险情时的紧急抢护，即不惜一切代价的保卫国家建设和使人民生命财产免遭洪水的侵袭。防汛抢险中，工程性措施的目的是防止洪水散浸、浸顶、漏洞、管涌、滑坡、流土、堵口等抢护措施。为了以最快的速度进行防洪抢险工作，尽可能地减少国家财产损失和避免人民生命遭到威胁，我国建立了防汛抢险决策指挥系统。

防汛抢险决策指挥系统主要包括以下6大系统：信息采集子系统、洪水预报子系统、指挥调度子系统、数据传输子系统、图文信息子系统和数据管理子系统。

### （1）信息采集子系统

信息采集子系统是整个系统的基础部分。主要负责对水、雨、工、灾情信息的采集和接收。

### （2）洪水预报子系统

洪水预报子系统是整个系统的技术核心部分。该系统根据信息采集子系统接受的信息，利用时间、净雨量和净雨修正系数来描述，同时考虑人类活动影响的水文模型，实时或超前地对流域洪水进行预测和报告。

### （3）指挥调度子系统

指挥调度子系统是根据洪水预报的结果，结合各条江河洪水量级预先制定的抢险参考方案和系统提供的背景资料与信息，进行综合评估，对可能出现的洪水划分量级，会商后，确定最终抢险方案。

### （4）数据传输子系统

利用通信和计算机设备将接收到的信息，准确、迅速地写入相应的系统数据库中，以对数据实行进一步的分析与运算。

### （5）图文信息子系统

图文信息子系统主要是查询功能，其中大量收集了有关防汛的历史资料。

### （6）数据管理子系统

数据管理子系统主要是对系统进行管理和维护，起到系统间的协调作用，并在需要时提供相应的信息和数据，以便查询和修改参数等。

## 8.长江近年来为何洪灾频繁

作为我国第一大河的长江，起始于青藏高原唐古拉山脉主峰各拉丹冬雪山的西南侧，流经青、藏、川、渝、滇、鄂、湘、赣、皖、苏、沪11个省、市、自治区，最后于崇明岛以东注入东海，长度位列世界第三。长江源头的海拔高度为5400米。干流长度为6397千米。其流域面积大多是亚热带季风气候区，气候温暖湿润，多年来，平均降水量达1100毫米，平均入海水量占中国河川径流总量的36%左右。长江水量稍逊于亚马孙河与刚果河，位列世界第三，是黄河水量的近20倍。

最近几十年内，为什么长江流域的水灾泛滥越来越频繁？

### （1）森林砍伐，水土流失

由于长江流域内的森林被大面积地砍伐，造成了严重的水土流失，从而使得河流的泥沙量不断地增加，不断地淤积，河床也跟着"水涨船高"，为防患于未然，两岸的河堤自是越筑越高。但是，如果汛期来临时这种悬河的河堤稍有不堪重负之态，就会被滚滚洪水倾泻决堤，到那时，

自是一番大灾难。

**（2）湖群的消失**

长江流域水灾越来越频繁的另一个重要原因就是湖群的不断消失。例如，在19世纪初期，洞庭湖面积达6000平方千米，至1949年，仍有4350平方千米，然而，由于每年有多达1.5万吨的泥沙不断淤积湖内，加上大面积的围湖造田，到1984年，在近40年的时间内，其总面积已减少了2000平方千米以上，仅剩下2145平方千米。同时间段，鄱阳湖也缩小了1/5以上的湖面。而长江中下游星罗棋布的湖泊，也因为泥沙淤积与围湖造田，使得湖群面积缩减剧烈，调洪功能不断减弱，曾经能容纳700多条大小河流，与长江相辅相成的统一和谐的现象亦不复存在。

当然，造成长江水患的原因不止这些，但是，当这些越来越频繁的洪灾给我们的财产和生命安全造成不可估计的损失时，就不能不引起我们的深思了。人类在利用自然资源的同时，对于生态环境无节制的破坏，不仅导致了资源的短缺和环境的恶化，更是对人类自身和后世子孙不负责任的表现。因此，要停止砍伐森林、大力植树造林、退田还湖，恢复我国原有的生态环境。这是从根本上治理长江水患必须要做的事。

1300多年来，长江发生过200多次水灾。据相关资料显示，在1931

年，自沙市至上海沿江的大部分城市都被水淹没，武汉市受淹百日，其中，被淹没的农田达333.3万公顷，受灾人数达2850万人，死亡人数14.5万人。1932年发生的汉江大水，致使受灾面积达150.9万公顷，受灾人数1003万人，死亡人数14.2万人。1954年发生的长江大水，使得汉口的最高水位达到29.73米，比1931年的决堤水位高出2.8米，经过人们的全力抢护，使重点堤防和武汉市幸免于水灾的危害，但其受灾农田仍达317万公顷，受灾人数达1800万人，死亡人数3.3万人。1981年发生的长江大水，则淹没了53个县以上城市、580个城镇、2600多座工厂企业、83.3万公顷耕地，使得160万间房屋倒塌。

下面是从文献中摘抄的关于长江洪水灾害的片段：

1870年（同治九年）农历五月，宜昌，长空漆黑如墨，整个四川和湖北都笼罩在强大的暴雨云团之下。那雨，倾盆倾缸、无休无止，百川千溪，直泻长江。从三峡吐出来的滔滔巨浪，直扑两湖。江水日升夜涨，4天之内长江的流量就从4万立方米/秒猛涨到10万立方米/秒以上。城里乡下，不论是官吏百姓、富豪贫民，都面如死色，烧香磕头，祈求上苍开恩。可是苍天并不容情，"不好了，大水进城了！"半夜里突然锣声四起，宜昌全城顿时乱成一团。滚滚江流，无际无涯，南扑洞庭，北吞江汉，以排山倒海之势，席卷着一座座城市和一片片乡村。江湖已连成一片，什么江陵故郡、公安新城，什么松滋、石首、监利、嘉鱼、咸宁、安乡、华容……全都消失了。衙署、民房、寺观、牌坊统统倒塌。汪洋巨浸中偶尔露出几处塔尖房顶，飘来几艘挤满难民的诺亚方舟……逃得性命的地方官连夜给万岁爷上奏折"……此诚百年未有之奇灾……"恳请朝廷赶快放赈救灾。

1954年6月中旬，长江中下游发生3次较大暴雨，历时9天，雨季提前且雨带长期徘徊于长江流域，直至7月底，流域内每天均有暴雨出现，且暴雨强度大、面积广、持续时间长，在长江中下游南北两岸形成拉锯局面。8月上半月，暴雨移至长江上游及汉江上中游。由于在上游洪水未到之前，中下游湖泊洼地均已满盈，以致上游洪水东下时，宣泄受阻，形成了20世纪以来的又一次大洪水。百万军民奋战百天，为了保"帅"，只得

弃"车"，动用了荆江分洪区和一大批平原分蓄洪区，丰收在望的四大分洪区顷刻化为一片汪洋，飞机船只紧急出动援救被困灾民。虽保住了武汉、黄石等重点城市免遭水淹，确保了荆江大堤未溃决，但洪灾造成的损失仍然十分严重。武汉附近长江南北两岸相继决口，十余座中小城市埋于水底，淹没的良田、建筑、工矿、油田、铁路公路不计其数，受灾农田4755万亩，受灾人口1888万人，因灾死亡3.3万人，损毁房屋427.6万间。武昌、汉口被洪水围困百日之久，京广铁路100天不能正常通车。

### 9.母亲河为何变成了灾难河

中国的第二大河——黄河，被人们亲切地称为母亲河。她起源于青海省巴颜喀拉山北麓，途经青海、甘肃、四川、宁夏、内蒙古、山西、陕西、河南、山东9个省区，最终汇入渤海，全长5464千米，流域面积约75

万平方千米。中华民族的发展离不开黄河，她的河水不仅是灌溉两岸广袤土地的"乳汁"，更是孕育中华文明的温床。

在我国历史上，定都阳城（今河南登封）的夏朝；定都于毫（今河南商丘），后迁都于殷（今河南安阳）的商朝；定都于镐京（今陕西西安），东周时迁于洛邑（今河南洛阳）的周朝；定都于咸阳的秦朝；定都于长安（今陕西西安）的西汉；定都于洛阳的东汉；定都于洛阳的魏、晋；定都于长安（今陕西西安）的隋、唐；定都于东京（今河南开封）的宋朝，其都城都曾是黄河沿岸的城市。

著名的云冈石窟、龙门石窟、敦煌莫高窟、麦积山石窟、炳灵寺石窟和须弥山石窟等，都处于黄河沿岸，其中，云冈石窟、龙门石窟、敦煌石窟、麦积山石窟是我国的四大石窟。而关于黄河的诗词歌赋，如李白《将进酒》中的"君不见黄河之水天上来，奔流到海不复回"等又在这一浓重的文化背景上增加了一道绚丽的光彩。

可是，黄河也是一条著名灾难河，被称为"中国的忧患"。2000年来，黄河造成了1500多次决口，经过26次重要改道，受灾面积达到25万平方千米，泛滥的黄河给两岸人民带来了无尽的灾难。

据有关资料显示，中国历朝历代都或大或小地受到黄河的威胁，面临治理黄河的难题。1117年，黄河决口，百余万人因此丧命。1642年，开封城被决口的黄河水淹没，城中37万人中有34万人被淹死。1933年，54处黄河决口造成受灾面积1.1万平方千米，致使360多万人受灾，1.8万人死亡。

26次大改道证实了黄河发展的历史。明朝后期至清代中期，是黄河迄今为止的最后一次改道。在这之前，黄河一直是流经郑州、开封、砀山、徐州、宿迁、淮阴的河道，东流出黄海的。至清咸丰年间，由于下游河道被不断淤积，其滩地与两岸外平地的落差已相距七八米，在1855年7月，即咸丰五年（1855），倾盆的大雨使得河水暴涨，大堤与水平面相平，7月4～6日，铜瓦厢（今河南省兰考县东坝头）终于不堪重负而溃决。决口后的黄水主流向西北冲击，分股漫流，最后夺大清河至垦利区出渤海，因为当时清政府对于决口处无力堵塞，所以任凭黄水沿着西北方向流入渤海，从而形成了现在的河道。100多年以来，新河道两岸的人们不断地对防水大堤进行修筑、加高，如今，已成了蔚为壮观的千里长堤。

到目前为止，已然经受了40多年大汛考验的黄河下游两岸的防洪堤，其总长已达1538千米。但有部分地区，如附近河道高出城市地面11米的开

封、高出20多米的新乡市、设防水位高出地面10米的济南市，则存在着悬河，其异常严峻的形势让人们不得不引起注意。不过，值得欣慰的是，已修建的小浪底水利枢纽会给我们带来一段时间的稳定。

但无论如何，对于解决防洪和排沙的问题，仍是我们长期研究和不懈奋斗的目标。

母亲河为什么会成为灾难河呢？其主要原因是黄土高原作为黄河上游的流经地，沿途肥沃的黄土因干流和支流中的滚滚黄水不断冲刷，被挟带着奔向下游，从而堆堵在下游和海口处。比如，北起天津、南至淮河的广大冲积平原——黄淮海平原，即是由此淤积而成的。历史上发生的多次大改道也是因为黄河出了山区就失去了固定河道的约束，而在广阔的大三角洲中奔腾倾轧。所以居于大平原上的人们不得不在黄河两岸修建堤防，冀望于能限制和固定它的行水道。黄河堤防在西周时期就已具规模，到了战国时期，已是连绵数百里了。在人们不断的努力下，一段时间内，黄河河水确实在设定的围堵范围内稳定地流淌着，但是，由于上游的泥沙被源源不断地冲刷下来，致使河道也随着不断地淤积堆高，而两岸的大堤也被迫越增越高，这种"水涨船高"的恶性循环，最终使得河床高出地面而成为"地上悬河"。在发生特大洪水时，这种恶性循环导致的结果就暴露无遗了，被作为束缚之用的大堤终究会被滚滚狂洪摧毁，向两岸狂肆奔腾，横扫一切，泛滥成灾，同时，新的河道也会自然而然地产生，如果人们没有约束它回归故道的办法，就只能重复新一轮的恶性循环——在新河道两岸修建大堤。正是由于这样的周而复始，才会有许多黄河故道和大堤遗迹出现在黄淮海平原。

## 10.淮河洪水——"75·8"洪水

1975年8月，一场巨大的洪水灾害侵袭了河南省，这场灾害被人们称为"75·8"洪水。8月4日，福建省被3号台风"光临"，它登陆后并非如以往那样渐呈减弱之势而消失掉，而是以非比寻常的强劲之势越过江西，穿过湖南后抵达常德附近。在8月5日晚上，这个以诡秘之态行进的台风突然转为北渡长江，继而直捣中原腹地，在河南省境内"停滞少动"，其具体停滞在伏牛山脉和桐柏山脉之间的弧形地带，即奔流着沙河、汝河、颖河、洪河、北汝河等河流的河南省淮河上游的丘陵腹地。这里如繁星般点缀在青翠大地上的上百座山区水库星罗棋布，水波潋滟，但被不速之客——3号台风光临后，造成的空前灾难可想而知。

暖湿水汽从赤道地区源源不断地涌达雨区，在遇到北部的冷空气团后，造成了强度罕见的倾盆大雨。三天三夜内，有4.4万平方千米区域的雨量超过200毫米，相应地达到了201亿立方米的总降水量。其中，降雨中心——林庄的雨量高达1631毫米，6个小时内，其降雨量刷新了世界纪录，竟至830毫米。据当地的老百姓所说："雨像盆子里的水倒下来一样，对面三尺不见人。"这场强暴雨，致使林庄黄雀啼鸣的山冈虫鸟绝迹，遍地鸟雀尸首，让人目不忍睹。

河南省板桥、石漫滩两座大型水库及一大批中小水库的大坝相继垮塌于这场真正的暴雨造成的洪水。水库垮坝带来的大水的特性与一般的洪水与众不同，它本来是一种人工蓄积的能量，一旦在瞬间被释放出来，其势能造成的巨大流量，在洪水前沿形成的一道高高水墙，势必会带着令万物无法抗拒的惊惧力量横扫下游。比如，大型的拖拉机被席卷而来的洪水

冲到数百米之外；合抱在一起的大树被连根拔起；巨大的石碾被举在洪水浪峰之上。据有关信息显示，凌晨一点的时候，水库大坝垮塌，在1个小时之内，45千米外的遂平县就涌进了洪水，城中有20万人漂在水中，占总人数的一半。随波逐流的人们，有的被勒死于途中的电线；有的被窒息于涵洞中；其中，大多数是在洪水翻越京广铁路高坡时，坠入旋涡中被淹死的。在水库垮坝5个小时以后，水库中蓄积的水也流泻殆尽。汝河沿岸的14个公社，其土地被汹涌的洪水刮地三尺，原来田野里的黑色熟土也无可避免地受到了"剥削"，被一片令人无法忽略洪水过境后遗留的特别之色——鲜黄色所替代。在这场大灾难中，致使1.2万平方千米的区域受灾，受灾人数达1100万人，遇难人数26000人，甚至连京广铁路的铁轨都被洪水拧成了麻花状，被冲毁的长度达102千米，使其在18天之内中断了运输，造成了巨大的经济损失，是历史上所见过的最大灾害。

### 11.美国20世纪发生的洪水

1993年春末夏初之际，美国中西部地区受其上空滞留了2～3个月之久的冷锋的影响，出现了异常降雨现象，同时，也使得密西西比河上游发生了历史上不同寻常的特大洪水。从美国陆军工程师团总部所记录的资料显示，此次降雨，密西西比河干流上游和密苏里河长达1600千米的河段的水位均已达到历史记录的最高点，有41000平方千米的区域被洪水淹没，河流停航长达2月之久，许多受工程师团管辖的水库，其蓄水量也达到历史最高记录。

1993年发生的洪水，其规模是美国20世纪以来最大的一次，艾奥瓦、伊利诺伊、密苏里、堪萨斯、明尼苏达、北达科他、南达科他、威斯康星和内布拉斯加9个州都被波及，超过美国本土面积15%的灾区，即是因为农村堤防漫溢或决堤而使得农田被淹，或防洪设施建造不标准的城市。

据估算，这次洪水造成了超过50人的死亡人数，超过150亿美元的财产损失。美国农业部称，因堤防溃决而被洪水泛滥的泥沙所覆盖的土地面积大概有1600平方千米。仅仅在密苏里州，土地受灾面积就达到了1820平方千米，即密苏里河流域洪泛区60%的耕地被冲刷，并遭受了泥沙的淤积。

# （二）洪水预测

## 1.洪水的模拟

水文模型常常出现在洪水预报以及水库大坝等水利工程建设过程中。究竟何为水文模型？可从水文模型的概念、应用水文模型的目的以及水文模型的应用实例来认识它。

水文模型是根据降雨和径流在自然界的运动规律建立的数学模型，是水文学领域的重要工具。它是运用计算机来对各种水体的存在、分布、循环以及相应的物理化学属性进行计算分析、图像显示、数值模拟和实时预测的。通过水文模型，我们可以达到两个目的：一是决策支持水资源管理，包括水利工程的设计等；二是可以把它作为研究科学的工具。

　　把水文模型具体到洪水的模拟，它可以提供两方面的用途：一方面是以一些假设的情景为基础，如设计暴雨或特定超越概率的流量，模拟和预测洪水过程，从而决策支持防洪工程的设计与建设；另一方面是预报即将发生事件的水文响应，如未来24小时内，某一流域预期会有一次强降雨过程，利用水文模型模拟预报可能形成的洪峰流量、洪峰出现时刻、洪水总量等要素，从而可以相应地对水库系统的控制做出决策，而且还可以适时地发布洪水预警。

　　洪水模型多种多样，其中有许多能够模拟风暴潮、河道洪水、城市积水、堤坝溃决、洪泛区的溢流等各种洪水过程，同时，它们还具有全面的水工建筑物功能，而且与地理信息系统（GIS）进行了很好地结合。

## 2.洪水灾害监测与预警

　　灾前监测与预警体系的建立和完善很重要。我国洪水预报主要是在气象观测数据和历史气候资料的基础上，结合气候、气象预报模型来进行。而水灾监测研究已经从过去传统的降雨、水文观测发展到现在运用遥感和地理信息系统等对地观测新技术手段对水灾进行监测。目前，我国大部分地区已基本覆盖水文动态、洪涝灾害监测与预报网络，各主要专业部门都已经基本建立了中央—省—地级市的三级自然灾害监测网络。全国建有水文站3450个、雨量站16273个、水位站1263个、地下水观测井13648处，形成水文灾害监测网。同时，卫星遥感技术也已经在洪涝监测中得到广泛的应用，可以进行准确的临灾预报和跟踪预报。

# （三）洪水治理

## 1.造成水患的根本原因

与水患问题息息相关的是生态，而森林又是生态问题的关键。

随着世界人口的不断增长，大量的森林被砍伐，林地被垦为农田，再加上不断扩大的垦殖规模，人与森林争地的矛盾越演越烈。比如，在我国古代，森林的覆盖率曾高达49%，到了清朝初期，渐渐下降为26%，现在，我国只有13%的森林覆盖率了。随着森林的不断减少，使得森林涵养水源的功能也不断地减退，倘若遇到大雨来临，森林吸纳的水量减少，那么，就会有大量的雨水沿着江河一路奔腾，致使江河水位空前暴涨。此外，森林的不断减少，极易造成水土流失，本来可以覆盖土地的森林，在被乱砍滥伐后，对雨水肆意冲刷的土壤也渐渐无能为力了。当流失的泥沙顺河而下淤积在水势趋缓之地，河床就被抬升起来，此时，湖面会缩小；江河的行水、蓄水能力会变差；防洪、调度能力会降低；抵御灾害的空间会缩小。例如，在相同的洪峰流量下，洞庭湖20世纪60年代的水位比90年代的低了2~3米。日益加剧的洪涝灾害深刻地提醒着我们，人与自然的关系已到了不得不重新定位的时刻。为了改善被破坏的生态环境、减少自然灾害造成无可估量的损失，我国政府已经积极地采取了相应的措施，如退耕还林，长江、黄河中上游的51个重点森林工业企业及地方森林工业企业被严令全面停止采伐，封山造林等，力争经过我们的努力，长江、黄河中上游能在十几年后有一个全新的生态环境。

除了影响生态平衡的森林，大幅度减少的行洪、蓄洪区域，也是大洪水泛滥的一个重要原因。在明清时期，湖北省素有"千湖之省"之称，然而，目前，其湖泊面积只剩下30%，仅为23.6万公顷。洞庭湖因为人工围

垦和泥沙淤积,其水面已不到原来的一半。近30年以来,长江中下游五省丧失的1.2万平方千米湖泊面积也是由于围湖垦田造成的。而填湖建房也随着近年来市场经济的开发而成为热潮。由此可以看出,人为因素是造成湖泊缩小乃至消失的最主要原因,破坏了的生态环境,把昔日莲藕飘香、鱼鸭戏水的江南山水园林之地、鱼米之乡赤裸裸地暴露在水患的威胁下,使之饱受干旱与洪涝的威胁。1998年震惊世界的长江大洪水就是大自然对我们破坏生态造成危害的一次警告。

## 2.生态环境的维护和改善

1998年中国发生的有史以来的特大洪水,2002年欧洲发生的大洪水,全世界洪涝灾害的频发,给全球经济建设带来了不利影响,引起了全世界人们的极大关注。

总结洪水灾害频发的原因,人们深刻地意识到,灾难不仅仅是正常的自然气候改变,大气环流的异常造成的,更多是因为人类活动而破坏了生态平衡。对森林的乱砍滥伐,在陡山坡和坡地上的耕作,致使水土严重流失，城市的不断扩大，植被覆盖率的持续下降，不但增加了水土的流失，更使得湖泊、水库淤塞，河床抬升，降低了蓄水能力。另一方面工业建设的发展加重了二氧化碳的排放，影响大气、气候等，促使全球温度变暖速度和厄尔尼诺现象出现频率加快等，都是引发洪涝灾害的原因。例如，1920～1980年加拿大红河水文资料表明，之前的28年中从未曾发生过一次超过80立方米/秒的洪水，而在后面的33年中超过80立方米/秒的洪水却发生了15次。从这个资料人们不得不深思，也不得不改变以往认为是纯自然态的洪水量值和规律的认识是错误的，因为资料证明人类的活动对自然环境有着显著的影响。为此，树立人口、经济、环境之间协调发展的观念刻不容缓，对生态环境建设和改善，如增加植被覆盖率和恢复森林水库功能等，都是预防治理洪水的最好措施。

那么如何增加植被覆盖率和恢复森林水库功能呢？当务之急，应坚持以坡耕地综合治理、小流域综合治理、退耕还林、草地生态建设、水土保持、天然林业资源保护、生态公益林建设、封山育林、生态农业和沃土培育等十大生态环境建设重点项目为主体，并通过建立完善的生态环境建设

执法监督体系、社会管理机制、投资机制以及优惠等政策，来鼓励促进增加植被的覆盖率。森林植被对于国土资源利用和生态环境的保护都具有根本性的作用。

### 3.恢复湿地原有生态环境，提高洪水调蓄能力

据统计，我国有湿地面积6580万公顷（不包括江河、池塘、水库等），其中，沼泽1100万公顷，浅海水域270万公顷，湖泊1200万公顷，滩涂和盐沼地210万公顷，稻田3800万公顷，占全世界湿地面积的11.9%，亚洲排名第一，世界排名第三。主要分布在东北的三江平原，长江流域的江汉平原、鄱阳湖及周边地区、川北松潘湿地、洞庭湖及周边地区、黄河三角洲滨海滩涂区和沿海滩涂地区。解放初，特别是20世纪50～70年代，由于上层经济决策失误，片面强调粮食产量，大规模地围湖造田，造成我国的淡水湖泊数量、总面积、生态功能全都出现急剧下降趋势，从50～80年代，我国湖泊总量消失300多个，湖泊总面积下降了1/10。长江中下游地区，洪湖、洞庭湖及江汉湖群垦殖率竟高达50%。导致湿地生态环境遭到严重破坏，调洪功能日益衰竭，洪水威胁程度加剧。湿地生态环境的恶化、功能的下降，使中央认识到生态平衡的重要，提出了"封山育林，退耕还林；退田还湖，平垸行洪；以工代赈，移民建镇；加大堤防，疏浚河湖"的可持续发展"三十二字"方针。在这一方针的指导下，调节生态体系，建立湿地生态环境保护区，退田还湖，恢复湿地原有的环境面貌。这将对改善生态环境和综合治理洪涝灾害有显著成效。通常，湿地分蓄洪区调蓄洪水的能力超出天然湖泊4倍，即1公顷分蓄洪区的作用相当于5公顷湖泊的调蓄作用，因此，湿地生态环境的恢复和改善，将大大提高我国防洪防涝的能力，促进我国经济和社会的发展。

### 4.生态环境综合治理

生态环境的综合治理，除需要大力植树造林外，还要加强山区、平原、丘陵、江河湖泊、沿海城市的综合治理，治山治水治沙全面开展，从大局着眼，实施标本兼治、旱涝兼治、城乡兼治、上中下游兼治、江海河湖兼治、山区平原兼治的"六兼治"综合治理战略。因地制宜的科学规划

水利工程，发展和推广生态农业，增加生物的多样性，减少污染，改善气候环境，走可持续发展之路。建立健全相关的法律法规，做到有章可行，有法可依。提高全民生态环境建设和保护意识，恢复并保护好我国原有的生态环境。

### 5.水患的根本治理

由于气候异常，世界各地的降水极不均匀，有些地方常年雨水偏少，如中西亚、非洲的一些地区，以及我国的西北地区。而有些地区的雨水又相对较多，致使频繁地出现洪涝灾害，如欧洲、亚洲中南部的一些地区。20世纪90年代以来，我国发生过多次洪涝，随着它越来越频繁地出现，造成危害程度也日益加重，这使得人们不得不对它重视起来。增强水患意识、实行综合治理、加大水利建设投资，是从根本上抗御洪涝灾害必须要做的事，提高这方面的能力是当务之急。在保证水利设施和生态环境建设需要的前提下，我们还要依循全面的规划，提高大湖、大河和大江的防洪

标准，增加全流域的整体防洪能力。开源与节流并重的方针始终要贯彻整个水利设施，将蓄水抗旱的需要和防洪排涝的需要有机地结合起来，使水害变为对人类大有益处的水利。

此外，还要考虑生态环境方面的因素，以"全国水土保持规定"为准则，重点建设长江、黄河等大江大河水土保持工程，大力开展植树造林、种草等措施，实行封山育林政策，进行流域综合治理，以防水土流失，力争经过几十年的努力能大大改善我国的生态环境，改变黄河、长江等大江大河泥沙淤积严重的状况。与此同时，还要根据条件，有计划、有步骤地对过度开垦、围垦的土地退耕还林，使生态得以维持平衡，生态环境得以改善。

## 6.应对全球变暖，世界各国有责

近50年来，人类向大气中过度排放以二氧化碳为主的温室气体，大气中二氧化碳的浓度比过去任何时候都高。由于温室气体的过量排放，在过去的140年中全球平均气温升高了$0.4 \sim 0.8℃$。如果不严格地限制温室气体的排放，在未来的100年内，全球海平面将比目前上升$9 \sim 88$厘米，全球平均气温可能会上升$1.4 \sim 5.8℃$，会给许多国家带来巨大的灾难。此外，全球变暖还会导致极端气候现象频繁发生，如龙卷风、洪涝暴雨、干旱等，对人类和社会构成极大威胁。如果温度超过一定临界值可能导致气候突变，使得某些地区气温急剧下降，某些地区气温急剧升高，给整个人类带来毁灭性的灾难。人类只有同心协力，减少温室气体的排放，阻止全球气候变暖，才能避免灾难的发生。

1997年12月《联合国气候变化框架公约》第三次缔约方大会在日本京都制定了《京都议定书》，提出到2012年，全世界的温室气体排放量要比1990年的排放量减少5.2%，欧、美、日分别要减少8%、7%和6%。在过去的一二百年里，温室气体排放，主要是发达国家造成的，解决全球气候变暖应该主要靠发达国家的努力。我国近年来十分重视气候变化问题，积极提高能效，开发先进的能源技术，节约能源，植树造林，在减少温室气体排放方面做出了突出贡献，并得到国际社会的公认。

《京都议定书》

《联合国气候变化框架公约》

### 7.防治洪涝的措施

　　随着人口的不断增长和人类经济的不断发展、气候变化和气候极端事件日益增多，洪涝灾害造成的危害也越来越大，防洪减灾将是人类长期要面临的艰巨任务。

　　洪涝灾害存在于地球陆地的许多地区，其主要发生地在沿江河两岸平原和河口三角洲地带。这些地区地处政治、文化、经济中心，人口密度相对比较大，城市和工业也相对比较集中，一旦发生洪涝灾害，势必会造成巨大的经济损失和深远的社会影响。因此，防洪作为公众福利的安全保障事业为各国政府所认同，防洪防涝工程建设被大力推行。比如，在上游地段，控制性的综合水库起着拦蓄洪水、削减洪峰的作用而被重点兴建；在中游地段，则整治河道、加固堤防、开辟蓄滞洪区，用以安全顺畅地宣泄洪水，使防洪工程体系成为一个完整的个体。与此同时，非工程措施建设也在大力进行，它通过政策、行政、法令、技术和经济等手段，与工程措施相辅相成，尽管不能对洪水的特点有所改变，但是，却能有效地减少洪涝灾害所带来的损失。

目前，主要的防洪减灾的工程措施有以下几种：

修筑堤防、整治河道，其功用在于将洪水约束在河槽里，并将其顺利向下游输送；

修建水库，以便控制上游洪水来量、调蓄洪水、削减洪峰；

在重点保护地区附近修建分洪区，或滞洪、蓄洪区，可以有计划地将超过水库、堤防防御能力的洪水向分、滞洪区内输送，使下游地区的安全得以保障。

**（1）修筑堤防与整治河道**

修筑堤防、整治河道是对经济发达、流域性洪水严重地区的一种重要防御措施。防洪的基本手段之一就是利用堤防约束河水泛滥，这是一项长期的、现实的防洪措施。在历史上，堤防对于防洪起着重要作用，全国著名的堤防工程，如长江中游荆江大堤、黄河下游堤防、淮河北大堤、洪泽湖大堤、珠江的北江大堤及钱塘江海塘等，都是历经了数百年乃至数千年才成为现在如此宏大的规模的，不管是以前还是现在，甚至将来，其防洪意义都是不言而喻的。这些堤防不仅是全国防洪的重点工程，也是我国重

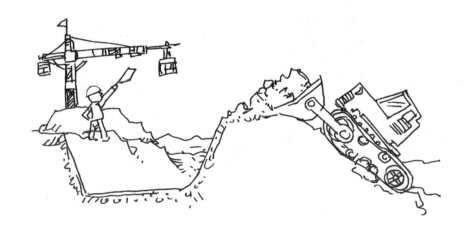

要地带防洪安全的屏障。

新中国成立以来在各江河所建的防洪工程，尽管对抗洪减灾发挥了巨大的作用，但根据这些年来发生的洪水灾情来看，社会受泛滥的洪水的威胁仍是不容小觑的，起码在短时间内不可能根治，而我国现在堤防河道工程存在的主要问题仍是对社会的一大困扰：

堤防的防洪标准较低。从目前的情况来看，仅有少数几个大城市河段的防洪标准能达100年一遇，而通常那些非城市河段的防洪标准则仅为10~20年一遇，最高也不超过50年。

堤防的质量不高，有许多险工险段。

泥沙淤积。由于山区植被被严重破坏，致使大量的水土流失，淤积在河、湖、水库内。比如，由长江宜昌站测得每年长江上游的来沙量，从20世纪50年代初到80年代末，就从4.04亿吨增至5.33亿吨，严重淤积了长江中下游河道，从而减小了其过水断面，降低了行洪能力，而且枯水期来临时，其河段的通航能力也有所限制。

河道、湖泊被严重破坏。河道与湖泊屡屡遭到破坏和侵占，尤其是现在，我国对于这方面的管理尚不成熟，治理不严和有法不依的情况时有发生，致使河道和湖泊的恶化状况日益严重，防洪安全也得不到有效保障。

比如，作为黄河支流之一的青龙涧河，在靠近三门峡市的河段，一座投资了五亿元的电厂被当地人建于河内，使河宽被侵占了一半。此外，还有靠岸挖沙、向河湖内倾倒垃圾等情况，这些都是严重地影响河道与湖泊行洪和调蓄洪水能力，甚至危及堤防与城市的安全的因素。

无护岸、岸坡的河道，垮塌严重。除城市段外，我国江河几乎所有河道都没有护岸工程，经高水位长期浸泡，或经水流淘刷和风浪、船行波冲击的堤岸，坍塌现象极易发生。坍岸也是造成江河淤积的一个重要因素，因为被水流带走的塌土大部分都在河内淤积。大量农田会随着堤岸的坍塌被洪水冲刷，河道也会随着淤积的泥沙由宽变浅，所以，堤岸的存与否影响着堤防的安危。

因此，为了适应我国国民经济的发展并确保人民生命财产安全，我国仍需进一步加强河道的整治与堤防的建设。

目前，我国虽然提高了堤防在理论和实践方面的规划设计，但仍是以经验行事为主要手段，为了更好地落实堤防的治理工作，必须抓紧编制并落实科学有效的河道防洪规划。随着不断增加的人口和不断发展的经济，堤防地修建也越来越长、越来越高。许多中小支流在过去都没有堤防，但

由于河床淤积、行洪能力下降和土地开发的高效利用，堤防也随之修建在其两岸用以防护。而山地丘陵区的河流又是一个特例，修筑很长很高的堤防通常是为了保护很小的面积，这类堤防不宜轻率修建，要进行综合性分析研究，从技术经济的合理性和可能产生的长期后果方面考虑。对于我国现行的防洪标准，应予以合理的修订，并在此基础上提高其深度。在河道堤防整治方面，堤防工程建设的重点是大江大河的堤基、堤身的防渗、漏，并同时加强以清障为中心的河道管理，开展以防止塌岸为中心的河道整治。对于各流域大江大河堤防隐蔽工程的除险加固应予以加强，特别是长江堤防隐蔽工程的除险加固。在河道、湖泊和山林的管理方面，也应予以强化。

作为一个特殊体，城市防洪堤应当与城市规划相结合。使其与城市公用设施，如公园、道路、停车场等相结合，增加其堤防断面和堤内外的护堤带，让堤防的综合作用得以发挥。

对于河道输水能力不足的下游流域，如太湖和海河等，常用的办法则是开辟新的分泄洪水的河道。

### （2）水库工程建设

江河中下游平原地区是中国洪水灾害的集中地，由于洪水来量大、河道的泄洪能力低，防洪要以蓄泄兼筹为基本方针。一次或几次集中暴雨是我国大多数河流的洪水的成因。十分有效的调洪方法就是利用水库来调节，因为洪水的涨落快，洪峰的流量集中。在防洪体系中，水库工程是以水库调蓄洪水以减小中下游地区的洪峰流量，与下游区间洪水错峰为主要手段，另外，根据雨情、水情及下游洪水情况，可以让水库相互调度，灵活蓄泄。作为江河流域防洪的一项根本性防洪措施，水库防洪具有可靠性强，效果显著的作用。因此，它是防洪工程体系建设中的重要内容。

对于能够控制许多河流上的山地丘陵区与平原区交接河段的水库，通常也决定着下游平原区的防洪能力。比如，黄河上中游的绝大部分流域面积都受黄河三门峡水库的控制，而且上中游洪水对下游的威胁也同样得到了基本的控制。汉江丹江口水库则控制着汉江流域60%的区域，而且，汉江中下游平原的洪水灾害也因此得到控制。这些控制性水库工程的功用，不仅是其本身调节洪水的能力显著，更是保障了一条河流整个防洪工程体系调度运用的可靠性和灵活性，有利地为防汛抢险创造了条件。

水库在调蓄洪水方面的作用是十分重要的。抗洪实践证明，对于干流来说，联合调度的水库群，使下游水位大大地降低，减少了洪量，具有十分突出的作用；对于支流来说，水库则有效地控制了局部洪水，使下游减轻或避免了洪涝灾害。但是，我们也能看出，水库防洪仍有一些不利因素存在，其主要原因就是我国江河径流在时间分配和空间分布上的不均匀性，使得水库防洪调度受到了制约。这些不利因素的主要表现在：

我国的七大江河干流中，控制性水库工程仍然比较缺乏，调蓄能力有限。我国各类水库中，可用来保坝调洪的约有1800亿立方米的库容，仅占洪水径流量的11%，而可用于保护下游防洪安全的，其防洪库容则更少了。

水库防洪调度现代化建设不先进。

目前，我国对防洪提出的要求与水库设计的洪水调度方式不能相对应。

对防汛安全构成严重威胁的老化失修水库，病、险水库增多。我们应高度重视局部的大暴雨，尤其是降在库区的暴雨。

上述因素使我国现有控制性水库工程的调节能力与欧洲、北美的发达国家差距明显，其防洪保安远不能满足社会和经济发展的要求。以美国来说，除了阿拉斯加和夏威夷，其全国河流约有1.7万亿立方米的年径流量，已建库容达1万亿立方米的水库，总库容占年径流总量的60%；而我国则有约2.7万亿立方米的年径流量，有8万多座水库建成，其总库容约相当于全国径流总量的1/6，约为5184亿立方米。因此，发展水库防洪是我国治水的当务之急，如不修建控制性水库，许多大江大河将会受到洪水的严重威胁。以我国防洪工程体系总体布局为准则，在2020年以前，共106座大型水库被规划建设来承担流域防洪任务，可新增总库容量2712亿立方米的大型水库，新增大型水库库容量占已建及在建大型水库总库容量的61%；其中，防洪库容量1092亿立方米，新增大型水库防洪库容占已建及在建大型水库防洪库容的86%。如按规划实施，到了2020年，我国水库可达到8800亿立方米的总库容量，2800亿立方米的防洪库容量，水库总库容量与年径流量相比，其值可达32.5%（我国水资源紧缺的北方地区，如

黄河流域、海河流域和辽河流域，该比例值高于其他流域），与美国1982年的水库总库容量与径流量比值相近。而水库防洪库容量与流域性洪水防御目标洪量相比，其值可达25.3%，与现在相比，增加了11%，控制性水库对流域洪水的控制能力也得以进一步地提高。但是，水库对洪水总量的控制能力仍有不足，要组成防洪工程体系，还必须依靠于堤防、蓄滞洪区等其他工程措施。建成规划水库后，可以联合运用已建水库，再与其他措施相配合，可以让我国七大江河重点防洪保护区的防洪标准达到流域防洪规划所规定的，而且，规划水库的建成，有着十分重要的作用，它可以提高其控制河段的防洪标准。比如，长江流域的溪洛渡水库，不但可以配合三峡水库工程把长江干流的防洪标准进一步提高，而且还能将川江河段的防洪标准提高30年，从20年一遇到50年一遇；而黄河流域的古贤水库，则可以将138亿吨的泥沙拦堵，使禹门口至潼关河道淤积量减少53.7亿吨，

下游河道淤积减少77亿吨，近似于在20年内，下游河道不会大幅度淤积抬高，此外，它还能同时与三门峡和小浪底运用，使黄河干流的防洪标准进一步提高。与此同时，病险库加固处理仍要抓紧，水库防洪调度现代化建设也需加强，技术先进、可靠、实用的水库防洪调度系统也待开发，如此，其防洪与兴利作用才能更好地发挥。

上面讲述的是工程减灾措施，下面我们来看看非工程减灾措施。非工程减灾措施是根据一定的条件，在肯定工程措施作用的前提下，通过政策、法令、经济手段、技术手段和行政管理等，最大化地减轻洪水灾害损失。主要内容包括洪水灾害预报、紧急救助、灾害应急、监测与预警、洪水灾害保险减灾规划、减灾教育与立法等。

### 8. 分、滞洪区建设

防范和治理洪水的历史经验说明，江河洪水一般峰高量大，变化幅度显著，这种情况下要取得最优的防洪效果，有效地减轻洪水灾害，不可能只采取一种防洪措施，或建单一的防洪工程设施实现。对特别大型的洪水灾害更是如此，所以对于每条江河的防洪工程都要有一定的标准来控制洪水。就算是防洪工程能力无法达到的大洪水，也会按照牺牲局部、保全大局的原则，备下几种妥善的分洪滞洪的方案，做到最大限度减轻灾害。

在平原地区，最主要的问题是河道承受洪水来量和泄洪能力强弱，当超过河道堤防安全泄量的洪水来临时，分滞洪区和蓄滞洪区是必须采取的措施。虽然分洪是防洪的下策，但却是没有办法的办法，其应急排险的作用是非常显著的，也是难以取代的。因为，一方面堤防高度不可能无限加增，另一方面即使再完备的大堤也难免不出现问题，一旦出问题，若是没有分滞洪区，洪水就会失控，造成重大损失。所以，分滞洪区可以说是各大流域防洪的最后一道防线，可以不用，但不可以没有。它在防洪危急时刻可发挥关键性作用。

我国除了分滞洪区的建设，还有计划地结合我国江河流域特点，把一些沿江河两侧自然调节洪水的湖泊洼地，建设成有控制性可调节洪水的蓄滞洪区。使这些湖泊洼地更有效地发挥其分洪、削洪的作用，还促进了这些湖泊洼地周围可耕地的利用率。目前，我国已建成分滞洪区共计98处，总面积达3.5万平方千米，容量约980亿立方米。其中已建成的大型分滞洪区有永定河的小清河分洪区、淮河蒙洼分洪区、黄河的北金堤滞洪区和长江荆江分洪区等。仅长江中下游就共有40处分滞洪区。长江中游最主要的3个分滞（蓄）洪区：杜家台分洪区、西凉湖分洪区和荆江分洪区。其他各流域也都建设有不同数量和标准的分滞洪区。

上述这些已建设好的大型分滞洪区在我国的防汛抗洪的历史中创下了许多丰功伟绩，对于实施分洪发挥了显著的效益。例如，1954年大洪水中时，荆江分洪区先后三次开闸分洪，分洪流量达6900立方米/秒，分洪量122.6亿立方米，将沙市水位降低了0.96米，减轻了洪水对长江中游主干堤和武汉的威胁。还有1999年的梅雨时期，浙江的杭嘉湖地区和新安江流域发生了百年不遇的特大洪水灾害。按照我国政府部门批准的控制运用计划、调度方案，并结合"上蓄、中分、下泄"的原则，各类水利工程充分发挥了防洪减灾作用。当时东苕溪南、北湖区域根据"东苕溪（德清以上河段）洪水调度方案"，从6月25日18时45分至7月1日分洪3次，最大分洪流量约300立方米/秒，分滞洪水量0.24亿立方米。南湖于7月1日8时43分开闸分洪，最大分洪流量300立方米/秒，分滞洪水量0.177亿立方米，有效降低德清以上河段洪水位0.2～0.1米。东苕溪中游的南、北湖二处分滞洪区实施分洪虽然只降低了德清以上河段洪水位0.2～0.1米，为浙江战胜"99630"特大洪水，起到了有效的作用。以上记述都充分表现出分滞洪区对削减洪峰、流域干流防洪减压和保护下游重要地区安全起到了显著的作用。

但是，近年来，随着人口数量的增加，社会经济的发展，对分蓄洪区的建设与维护有了松懈现象。例如，在七大江河防御特大洪水的建设中，最近几十年水利工程建立的更加完善，规模也更大，河道堤防普遍加强，排洪出路也扩大了很多，河道治理使得水路更加通畅，本身行洪能力的加强，使行洪、分蓄洪区的使用机会大大减少。而且人口的增长，将许多天然的湖泊和蓄滞洪区盲目围垦，侵占开发成重要的产业基地，这虽然使经济得到了一定的发展，但在长远看来却埋藏了许多隐患，倘若洪水需要调

度，而这些蓄滞洪区却无法正常运用，那么造成的经济损失将会更大，人口的转移工作也面临困境。比如，长江中游的荆江分洪区，1954年的时候只有17万人，如今人口数量已达47万人之多。

    面对上述问题，应该引起我们的重视，分蓄洪区的建设和管理是极其必要的，这也是治水的正确思路，充分尊重自然规律，给洪水出路。要完善法规法案控制，建设良好的分蓄洪区工程体系，合理维护应用分滞（蓄）洪区；对分蓄洪区的经济发展和控制人口增长的政策，给予制定补偿政策；建设完备的安全设施体系（如预警系统），增强对安全台、安全楼房和转移道路及行洪设施的建设；对分滞洪区采取梯级化建设和分级管理的模式。这种分梯级蓄洪和分级别采取不同的建设和管理的模式对分滞洪区起到了良好的推进和保护作用。

# 三、洪水中的自救与互救

## （一）洪水中的自救

### 1.水灾的自救逃生常识

最近案例：2008年5月29日南方暴雨，48人死亡、25人失踪。

2008年5月，在我国南方部分地区发生的大范围强降雨，造成贵州、江西、湖南、广西等省区48人死亡、25人失踪。其中贵州省7个县市遭受洪涝风暴灾害袭击，暴雨引发洪水和山崩，摧毁了房屋、公路、田地，电力供给、电信系统也被迫中断，水灾造成18人死亡，12人失踪，166人受伤，4600多人被迫紧急转移安置。

通过以上数字，我们可以看出水灾危害有多大。所以，平时就要做好各项防灾措施，多了解一些防范水灾的办法、丰富自身的防灾经验很有必要。

民众普遍缺乏避灾自救常识，会造成不必要的人员伤亡和经济损失。南方地区降雨频繁，水灾成为南方地区需要首要面临的自然灾害。因此，水灾的自救逃生知识就显得更加重要了。

洪水突至，我们要选择什么样的避灾场所才是最安全的？被洪水围困时，我们该怎样采取行之有效的办法，以免被洪水冲走？水灾过后，我们又当如何应对灾后疫情？每一个细小的问题都会关系到我们生死存亡的大问题，我们当然要为自己的生命有所考虑。多了解一些避灾自救的常识，关键时刻可以救你一命。

**（1）关注天气预报，提高警惕**

水灾通常较易发生在江河湖溪的沿岸和低洼地区，水灾的破坏力主要是山洪暴发和江河湖海泛滥形成。山洪多发生在山区或丘陵地区，江河泛滥则多发生在河海江湖沿岸及低洼地带，在这些多发地带的居住地民众，需要特别注意每年的汛期规律及暴雨周期，关注当地的水情预报和天气预报，提高警惕，安全预防很重要。

**（2）当洪水来临时的防范措施**

灾害前根据经验或灾害前兆应做充分的预测估计，并取得相关的气象状况的支持，在水灾到来之前做好预防工作，及时转移人、畜、财物到安全地带。疏散转移时，尤其要照顾好老弱妇孺及病人。

水情预报情况较紧急时，及时迅速地准备好必要的食品、饮用水与保暖衣物，需要疏散或转移时，不致慌乱。

疏散和转移之前，一定要记住关好水闸，切断电源，不方便带走的贵重物品做好防水措施，捆扎妥当，放在不易被洪水侵蚀的安全地方。出发之前把门的缝隙堵塞好，门槛外侧填充沙包或旧毛毯等吸水之物，防止洪水漫入。并关好门窗，防止室内财物顺水流走。

在危险地带如地处河堤缺口、危房处的人群必须马上撤离现场，迅速转移到高坡地带或高层建筑物的楼顶上等安全场地等待救援。

洪水突至，如果来不及安全转移时，一个很重要的原则：人往高处走。就是说一定要往高处的方向逃生。收集身边一切可以利用的漂浮物。不到万不得已，绝对不可贸然下水。

应急逃生措施：一定要向高处转移。如爬上楼顶、大树或就近的较高山头，发出求救信号，等待救援。

## 2.居家遇到水灾如何自我防护

洪水发生时，如果您在家中，首先要冷静，不要慌张。

马上关闭煤气总阀和电源总开关，以免发生煤气泄漏或电线浸水导电等状况。

如衣被等御寒物如果不能随身携带，就放在高处保存；将不便携带的贵重物品做防水处理后埋入地下，做好记号以便找寻，不能埋藏的就放置可以存放的最高处；票款、首饰等财物可以缝在随身衣物中，以备不时之需。

房屋的门槛、窗户的缝隙是最先进水的地方。用袋子装满沙石，泥土做成沙袋、土袋，在门槛和窗处筑起第一道防线。沙袋可以自制，以长30

厘米、宽15厘米大小为适宜，也可以用塑料袋或者简易布袋塞满沙子、碎石或泥土等，功用相同于沙袋。如临时找不到以上材料，就用旧毛毯或地毯、废旧毛巾等吸水之物，便于塞住缝隙。

把所有的门窗缝隙用胶带纸封严，最好多封几层。

一定不要忘记老鼠洞穴、排水洞这些容易进水的地方，都要堵死。做好各项密闭工作的建筑物会很有效地防止洪水的浸入。

如果预计洪水水位会涨很高，那么底层窗槛外以及任何有缝隙可能浸入洪水的地方都要堆积沙袋。出门时尽量把房门关好，以免财物被水冲走。

假如洪水不断上涨，在短时间内不会消退，一定要及时储备一些饮用淡水、方便食物、保暖衣物和烧开水的用具。如果没有轻便的炊具或不方便使用炊具，要多准备方便食用免加工的食物，还要准备火柴和充气打火机，必要时用来取火。最好多准备高热量食品，如巧克力、甜糕饼等，还有碳酸饮料、热果汁饮料等，高热量食品能高效增强体力。

洪水到来时难以找到适合的饮用水，所以，在洪水来之前可用木盆、水桶等盛水工具储备干净的饮用水。最好是一些有盖子的可以密闭保存的瓶子，水桶之类，防止水源污染。

如果洪水迅速猛涨，你可能不得不躲到屋顶或爬到树上。这时你要收集一切可用来发求救信号的物品，如哨子、镜子、手电筒、鲜艳的衣物、围巾或床单、旗帜、可以焚烧的破布等。除此之外，手电筒和火光可以在夜晚及时发出求救信号，以争取及早被营救。

如果水灾严重，你已经被迫上了屋顶，可以架起一个防护棚。或者就近选择粗壮的大树或离家最近的小山丘躲避水灾，如果屋顶是倾斜的，就用绳子或床单撕成条状把自己系在烟囱或其他坚固的物体上，以防止从屋顶滑落。在树上时候，就要把身体和树木强壮的枝干等固定物相连，防止从高处滑落，掉入洪水急流被卷走。

如水位看起来已经开始有淹没屋顶的危险了，就要开始准备自制小木筏了，家里任何入水能浮的东西，如木桶、气床、箱子、木梁，甚至衣柜，全都可以用来制作木筏。没有绳子的话，就用床单撕成条状捆扎物体。做好后一定要先试试木筏是不是能够漂浮并承载相应的重量，此外，能做桨用的东西也是必不可少的。还要提醒的是，发信号的用具无论何时都要随身携带。

但是，不到迫不得已不要乘木筏逃生，因为非常危险，尤其是水性不好的人，一旦遇上汹涌洪水，很容易翻船。除非大水已经有了可以冲垮建筑物的可能，或水面将要没过屋顶，否则待着别动，因为洪水也许很快会停止上涨，最好还是就地等待救援更加安全。即使游泳技术好，也不要轻易下水，防止暗流旋涡和漂浮物冲击。

### 3.洪水灾害中选择哪些物品可以逃生

体积较大的中空容器，如油桶、储水桶等。迅速倒空原有液体后，重

新将盖盖紧、封好。这是很好的、能增加人体浮力的东西。密封性差的容器会给你的逃生带来麻烦。

空饮料瓶、木酒桶或塑料桶，如果单个的漂浮力较小，可以捆扎在一起增加浮力来应急。

足球、排球、篮球等运动器材的浮力都很好。

木质的桌椅板凳、箱柜等也都有一定的漂浮力。

### 4.财物的保存

贵重物品需要妥善的保存，以减少灾害损失。

不便携带的贵重物品，做防水捆扎后，埋入地下或置放高处不易被水浸泡的地方，埋入地下的位置要做好记号确认其位置。

少量票款和首饰等做好防水处理可以缝在贴身衣物中。

尽量做好屋内财产的防盗处理。

如果当情况紧急，自顾不暇时，不要舍不得财物，轻装准备，迅速逃生。

### 5.逃生的物资准备

一台无线电收音机，检查电量是否充足。以备电路、网络中断时候随时收听、及时了解各种相关信息。

大量准备洁净的饮用水，多备含高热量的罐装果汁和保质期长、方便食用的食品，并做好密封工作，防止污染或变质。

多准备保暖衣物及各种有可能用到的药品，如治疗感冒、痢疾、皮肤感染的药品。

收集可以用作求救信号的物品，如哨子、手电筒、蜡烛、火柴、打火机等。穿上颜色亮丽的衣物，鲜艳醒目，以防不测时发出求救信号。

汽车加满油，保证需要的时候，随时可以开动，车内还要备有尖利工具等，防止汽车没入水中时候，可以敲破车窗逃生。

### 6.自制漂浮筏逃生自救

自制木筏一定要采取正确的捆绑方法，捆扎结实才可能经得起风浪。

可收集木盆、木块或有浮力的木制家具并用绳子捆好，加工成可以承载重量的安全逃生用具。

找不到现成的结实绳子，可以把床单、窗帘等撕成条状。地瓜蔓和藤条也是不错的做绳子材料。

泡沫板、木板一类面积、浮力较小的漂浮筏，可以多找一些，捆扎在一起，这样可以增加漂浮力。

也可以收集大量的秸秆、竹竿、树枝、木棍等可以细密的编联起来，制成可以逃生用的排筏。

### 7.洪水逃生方案

电视上曾经播放过这样一个事例：在一个小院中，一位双肢瘫痪的老人和四个10岁左右的孩子被洪水围困，水位不断上涨。小院像一个孤岛孤立无援。这时水已经涨到了孩子的膝盖位置。为了到更加安全的地方去，四个孩子决定把老人移到院中的最高点葡萄架上去。但是老人双肢瘫痪，行动不便，于是四个孩子中的两个先爬上去，从上面拉拽，两个孩子在下面推举。用了很大气力，终于将老人安全的拖到了葡萄架上，就这样，四个孩子运用自己的机智赢得了更多的求生机会和生存时间，最后，救援人员赶到，老人和孩子全部获救。

四个孩子依靠自己的力量，采取了最适宜的逃生方法，救了自己和老人。在洪水中逃生，一定要因地制宜地采取积极的自救措施。

避灾专家提醒：已经被洪水包围时，要设法尽快与当地政府防汛部门或其他救援部门取得联系，准确报告自己的方位和险情，积极寻求救援。一定不要擅自游泳逃生，绝对不可攀爬带电的电线杆、铁塔和泥坯房的屋顶等。

### 8.洪水来临时的注意事项

受到洪水威胁时，如果时间来得及，要准备一切应急物品，按照预定路线，有组织有计划地向山坡、高地等处转移；在措手不及，而且已经被洪水包围的情况下，要尽可能地利用逃生船只做水上转移，如果没有船只，就采用最方便取用的木排、门板、木床、密封水桶、木桶等有浮力的漂浮物等帮助逃生转移。洪水来得太快，甚至来不及转移时，要立即爬上屋顶、楼顶平台处、大树高处、高墙等地，做暂时避险，并原地等待救援。

游泳技术再好，也一定不要单身游水转移。在山区，如果遇到连降暴雨的天气，最易暴发山洪灾害。遇到这种情况，更要避免涉水过河，防止被山洪急流冲走。山区的民众还要注意防范山体滑坡、滚石、泥石流的危害。

注意观察，如果发现高压线铁塔倾倒、电线低垂或折断，千万不可接近或触摸，要尽快远离危险地方，防止直接触电或因地面"跨步电压"触电。

地处河堤缺口、危房等危险地带的人群要尽快撤离灾害现场，迅速转移到高坡地带或高层建筑物的楼顶上。

为了保存财产，在离开住处时，尽量把房门关好，这样等洪水退后，财物损失可以减小到最小，防止洪水冲走家具等财物随水漂流掉。但是千万不可留恋家中财物，舍不得转移，或多带对自身安全没用的财物，而不顾及自身的生命安全。

洪水过后，要及时服用预防流行病的药物，做必要的卫生防疫工作，避免传染病的发生和流行。

### 9.灾害中，城市里应该避免的危险地带

城市情况复杂，洪水暴发后危机四伏。最有效的安全措施是原地不动等待水退。但是，前提是要远离城市中的以下地带：

危房里面或危房四周，防止出现高物砸落、危墙坍塌或电线浸水失火或漏电；

任何危墙及高墙周围，防止遭受洪水冲击后的泥土发生坍塌或砖瓦砸落；

窨井及马路两边的下水井口；

洪水淹没的下水道；

电线杆及高压电塔周围；

化工厂及储藏危险品的仓库。

## 10.都市遇洪水自救七法

在城市中遇到洪水怎么办，专家称首先应该迅速登上牢固的高层建筑避险，而后要与救援部门取得联系。同时，注意收集各种漂浮物，木盆、木桶都不失为逃离险境的好工具。分析洪水中人员失踪的原因，一方面是洪水流量大，猝不及防。另一方面也是因为有的人不了解水情而涉险水。所以，洪水中必须注意的是，不了解水情一定要在安全地带等待救援。

避难所一般应选择在距家最近、地势较高、交通较为方便及卫生条件较好的地方。在城市中大多是高层建筑的平坦楼顶，地势较高或有牢固楼房的学校、医院等。

将衣被等御寒物放至高处保存；将不便携带的贵重物品做防水捆扎后埋入地下或置放高处，票款、首饰等物品可缝在衣物中。

扎制木排，并搜集木盆、木块等漂浮材料加工为救生设备以备急需；洪水到来时难以找到适合的饮用水，所以在洪水来之前可用木盆、水桶等盛水工具储备干净的饮用水。

准备好医药、取火等物品；保存好各种尚能使用的通信设施，可与外界保持良好的通信、交通联系。

受到洪水威胁，如果时间充裕，应按照预定路线，有组织地向山坡、高地等处转移；在措手不及，已经受到洪水包围的情况下，要尽可能利用船只、木排、门板、木床等，做水上转移。

洪水来得太快，已经来不及转移时，要尽量利用一些不怕洪水冲走的材料，如沙袋、石堆等堵住房屋门槛的缝隙，减少水的漫入，或是躲到屋顶避水。房屋不够坚固的，要自制木（竹）筏逃生，或是攀上大树避难，等待援救。离开房屋前，尽量带上一些食品和衣物。不要单身游水转移。在山区，如果连降大雨，容易暴发山洪。遇到这种情况，应该注意避免过河，以防止被山洪冲走，还要注意防止山体滑坡、滚石、泥石流的伤害。

发现高压线铁塔倾倒、电线低垂或断折，要远离避险，不可触摸或接近，防止触电。对于家中的财产，不要斤斤计较，更不能只顾家产而忘记生命安全。为了保存财产，在离开住处时，最好把房门关好，这样待洪水退后，家产尚能物归原主，不会随水漂流掉。

被水冲走或落入水中者，要保持镇定，尽量抓住水中漂流的木板、箱子、衣柜等物。如果离岸较远，周围又没有其他人或船，就不要盲目游动，以免体力消耗殆尽。无论你遇到何种情形，都不要慌，要学会发出求救信号，如晃动衣服或树枝，大声呼救等。

### 11.洪水来临学生怎样逃生

洪水来临时要坚持的原则：往高处走，切勿单独行动，要学会保护

自己。

首先，学生一定不要乱跑。听从学校的统一指挥，老师根据现场情况，带领学生有组织、有秩序地快速往高处撤离，情况危急，来不及向校外转移时，可以组织学生上到学校楼顶，但是不要爬到泥坯墙的屋顶，这些房屋水浸后很快会塌陷。也可以爬上附近大树，并及时发出呼救信号，等候救援。

如果是在校外遇到洪水，一定要组织好学生不要慌乱，要观察现场，寻找最佳逃生路线，然后立即离开低洼地带，选择较高的有利地形躲避。一定不要在沟底向上或向下行进，要向两侧较高处沿岩石坡面转移，更不要涉水过河。

如果洪水突至，不能及时躲避，可以就地取材，选择浮力较好的木盆、木板、课桌等漂浮物，趴在上头，尽量将头露出水面，等待救援。

## 12. 农村中洪灾发生时应该远离的危险地带

农村地形开阔，洪水容易长驱直入，房屋也易倒塌，水灾中民众更易受到侵害。最安全的避灾地点是山地和坚固的建筑。应该避免的常见危险地带有：

行洪区（指主河槽与两岸主要堤防之间的洼地）、围垦区；

水库、河床及渠道（常指水渠、沟渠，是水流的通道）、涵洞（在水渠通过公路的地方，为了不妨碍交通，修筑于路面下的过路涵洞）；

危房中、危房四周；

电线杆、高压电塔附近。

## 13. 山区旅游遇洪水怎么办

如果在山区旅游的时候遇到暴雨，山洪暴发的可能性很大，也很快，少则十几分钟、多则半小时。没有应对灾害常识的城里人总是在大雨过后，还滞留山区游玩，在河水、溪流中游泳，旅游车仍在危险地段行进，这是非常危险的，因为缺少避灾常识，通常灾难也是这样发生的。因此在山区旅游时，如果遇到暴雨，一定要提高警惕，马上寻找较高处避灾，注意观察，是否出现灾害前兆，并及时和外界取得联系，争

取求得最佳救援。

到山区旅游应注意以下几点：

**（1）提前预防**

有山区旅游计划时，要先了解旅游目的地及经过路段是否属于山洪或泥石流多发区，要尽量避开这些可能存在危险的地区。山洪和泥石流等自然灾害的发生通常有一定季节特征，在多发季节内避免到这些地区旅游。在陌生的山区旅行，可以找个当地的向导，向导的经验可以帮你避开一些地质不稳定地区或灾害多发地区。要注意天气预报，凡有暴雨或山洪暴发的可能情况下，就要改变旅游计划，不可贸然出行。

（2）应急对策

在山间行走时候遇到洪水暴涨不要惊慌，不要掉头就跑，要先找高处躲避，并尽量从高处地方找路返回。山洪暴发，都有行洪道，不要顺行洪道方向逃生，要向行洪道两侧避开。洪水的暴发通常都携带夹裹着大量的泥沙和断裂的树木及岩石的残渣碎块，这些都是能置人于死地的。根据重力原因，洪水通常由高处向低洼地带急速流动，所以，一定要避开行洪道的方向，尤其是山脚下，否则会被冲下来的洪水淹没。

在不幸遭遇洪水时，盲目涉水过溪是非常危险的。如果不得不过，尽可能用最安全的方法，如先找寻河床上是否有坚固的桥梁，有桥的话，一定要从桥上通过。如果河上没有桥，又非涉水过河不可，就沿山涧行走寻找河岸较直、水流不急的河段试行过河。千万不要以为最狭窄的地方直径距离最短最好通过。要找河面宽广的地方，因为溪面宽的地方一般都是地势最浅的地方，较少遇到急流，相对安全得多。如果会游泳，可以游泳过河，但是要向斜上方向游。估计体力不能游过河岸时，可试行涉水过河。

通常先由游泳技术好的人在腰上系上安全绳，另一头紧紧系在岸边粗壮的大树或固定的岩石上，并请同伴抓住，下水试探河水深度，河床是否结实。试探安全时，游到对岸，将绳子系牢在树上或其他坚固物体上，其他人就可以依靠绳子过河。

如果你正在瀑布或岩石上，也不要紧张，在涉水之前，要先观察选择一个最好的着陆点，用木棍或竹竿先试探一下是否坚固平整，起步之前还要扶稳木棍，防止水滑跌倒，尤其要注意的是，一定不要顺应水流方向行进，必须选择逆水流方向前进。

临时找不到绳子的时候，就近找一些竹棍、木棒，可以用来试探水深以及河床情况，并且可以帮助平衡。行进时一定要注意前脚站稳了，再迈另一只脚，步幅不要太大。人数较多时候，可以三两个人互相搀扶着一起过河。

如果山洪暴发，河水猛涨，已经不能前进或返回，被困在山中时，尽量选择山内高处的平坦地方或高处的山洞，尽量避开行洪道的地方求救或休息。食物、火种以及必需用品一定要随身携带并保管好，有计划地节约取用，饮水的清洁也要注意，不要喝被污染的水和不干净的水（最好烧开或用漂白粉消毒）。

## 14.山洪暴发时的自救脱险法

山洪一般由暴雨引起，山顶土体含水量饱和，当遇暴雨，能量迅速累积，致使原有土体平衡破坏，土体和岩层裂隙中的压力水体冲破表面覆盖层，瞬间从山体中上部倾泻而下，造成山洪和泥石流。通常在山区沿河流及溪沟形成的暴涨暴落的洪水也会伴随发生滑坡、崩塌、泥石流。拦洪设施的溃决也会引发山洪。山洪冲毁房屋、田地、道路和桥梁，常造成人身伤亡和财产损失，基础设施毁坏及环境资源破坏等。这些由山洪暴发而给人们带来的危害，叫作山洪灾害。山洪灾害分为滑坡灾害、泥石流灾害和溪河洪水灾害。

居住在冲沟、峡谷、溪岸或在山洪易发区的居民，如果遇到连降暴雨，更要高度警惕，尤其是在夜晚，如有异常，应立即组织民众迅速远离现场，就近选择安全地方避灾，并设法与外界保持及时畅通的联系，为下

一步救援工作做好准备。切不可心存侥幸或因打捞落水财物而耽误避灾最佳时机，造成不必要的人员伤亡。

在山区，如果遇到连降暴雨的天气，最易暴发山洪。遇到这种情况，更要避免涉水过河，防止被山洪急流冲走。山区的民众还要注意防范山体滑坡、滚石、泥石流的危害。

遭遇山洪突发时应该采取的紧急措施：

保持冷静，根据周边环境，尽快向山顶或较高的地方转移，切勿沿着行洪道方向跑，而要向两侧快躲避；如一时无法躲避，则就近选择一个相对安全的地方避洪。

山洪暴发时，一定不要涉水过河。

被山洪困在山中时，要首先与当地政府的防汛部门取得联系，寻求救援。山洪到来的时候，切勿让孩子乱跑，也不要随意下水游动，时刻注意孩子的安全。无论遇到任何突发状况，一定要保持冷静，学会发出求救信号，如晃动颜色鲜艳亮丽的衣物或树枝，高声呼救等。

如果洪水来临时，你身处山地高处，暂时可以不需要担心食物来源，因为各种动物依据逃生本能也会躲向高处，无论是大型食肉动物还是弱小的动物都会集中到安全地带——但这时一定要小心，在水中惊慌失措的动物也许会伤害你。

这种境地，干净的饮用水已经不易得到，大水虽然就在四周肆虐，但可能已经受到严重污染，一定不要喝这种受到污染的水。最好的办法是接聚雨水饮用，有条件的话在食用前把它煮一下。

## 15.洪水暴发时应如何避难逃生

洪水突然暴发时首先要往地势高的地方跑，不要顺着水流跑，尽量

避免接触洪水。洪水的流动是非常快的，即使只有15厘米深，也很容易把人冲倒。60厘米深的洪水就可以冲走汽车，急速的洪水流动很容易危及生命。

水深在0.7~2米的时，要及时采取避难措施。如首先弄清洪水先淹何处，后淹何处，以选择最佳逃生路线，避免造成被洪水追着跑的被动局面。

要认清路标。洪水多发地区，政府一般建有避难道路。并设有指示行进方向的路标，避难人群可以很好地识别路标，避免盲目乱走，发生人群互相挤撞、拥挤等不必要的混乱。

保持镇定。在洪灾中，由于突来的灾害、自身的苦痛、家庭财产的巨大损失，人心惶惶，如果再有流言蜚语的蛊惑、人群不时的惊恐喊叫、警车和救护车的鸣笛声等一些外来干扰，更容易产生不必要的惊恐和混乱，造成更大的损失。因此，避难过程中必须保持镇定的情绪。

选择良好的避难场所。避难场所一般应选择在离家最近、地势较高、交通方便的地方，有较好的卫生条件，与外界能够保持良好的通信和交通联系。在城市，大多选择高层建筑的平坦楼顶，地势较高或有牢固建筑的学校、医院，以及地势高、条件较好的专用公园避难场所（一般居民集中住宅区附近都有一个这样的可做紧急避难功用的公共场所，并配有专门的应急设施）等。农村的避难场所一是大堤上，二是政府为灾民提供的临时避难所。

## 16.公交车被困水中逃生自救

汽车很容易在不断上涨的水中熄火，车里会慢慢变成一个储水罐，这是非常危险的。这时候，司机、售票员和乘客要团结起来，相互救助，不要混乱拥挤。

公交被困水中自救措施：

立即打开车门，有序地下车，一定不要互相拥挤，以防踩踏事故的发生。

若水流湍急，下车后浸入水中时大家可以手拉手形成人墙，缓慢稳定的向岸边移动。这样可以避免个人力量单薄，不易被水冲倒。

如果已经不能打开车门时，立即用车上的工具，如锤子、撬杠、钳子等敲碎车窗玻璃逃生，注意不要被碎玻璃划伤。

### 17.驾车时遭遇洪水自救措施

如果你正驾车在开阔地带遇到洪水时，首先应该闭紧车窗，加速将车迎着洪水开过去，千万不可顺流开车，这样很容易淹没在急流里。也不能让洪水冲到车子的侧面，以免被掀翻卷走。如果此时你正处在峡谷或山地地带，首先观察地形，迅速把车驶向高地。

如果汽车外面已经形成了积水，在水中要非常小心地驾驶，注意观察道路情况。

如果在水中出现熄火现象，必须马上弃车，千万不要犹豫。洪水不断上涨，危险迫在眉睫，必须马上寻找逃生路线，试图驱动一辆抛锚的车，这是非常危险的。

公路被水淹没后，不要再试图穿越，洪水水位上涨很快，这样很容易被困住。

## 18.水淹汽车逃生术

当汽车沉没水中的时候，我们必须在水漫至车窗前逃离。如果汽车被冲入河中，这时仍有1～2分钟的时间是浮在水面上的，车头因为有引擎，会较重一些，所以下沉会先由车头开始，还能来得及逃生。这时一定需保持冷静，切勿慌乱。

摇起车窗，打开所有的车灯，作为求救信号

解开安全带，一时解不开，就找尖锐物把它割断。

洪水没有没过车窗时，可以立即摇低车窗从车窗爬出。

当洪水高于车窗时可以采取如下措施：

慢速降低车窗，趁洪水向车里涌入时寻找机会逃出。

如果车窗紧闭，不能正常下降，借用坚硬工具打破车窗。

如果没有坚硬工具，车窗实在不能打破，尝试从天窗，或前后玻璃窗

能否离开。

如果不能从车窗逃走，尝试能否将车门慢慢打开，不过车外水压大，车门也许已经很难开启。这时车主一定要镇定。待车里的入水接近顶部，深呼吸，尝试打开车门，因为这时车内外的压力比较接近，车门比较容易打开。

## 19.暴雨自救

河道及沟谷、洼地一般是积聚洪水的地方，下暴雨时候，不要在这些地方行走或停留，这里往往也是洪水最先到达和最多积聚的地方。

暴雨时候，电线杆很容易带电，千万要远离，防止触电事故的发生。

迅速向较高位置转移，或及时爬到大树上，来不及的话就马上用腰带或其他可以做绳子的东西把自己固定在树干上或抱住大树，防止体力不支时候，被洪水冲走。

## 20.房顶救护

洪水还没到房顶时，这里是相对安全的避灾场所。如有小孩，一定不要让其乱跑或受到惊吓，搂抱紧和看护好屋顶上的孩子。

如果是歇山式屋顶，洪水冲击时候，应该顺着屋脊的方向趴牢。可以掀掉瓦片，用手抱住脊檩。

风浪大时，抱紧屋顶上烟囱或其他坚固的固定设施，并用绳索或腰带、衣物等把自己固定好，防止滑落水中。

## 21.被洪水围困应急自救

如果有充足的食品和饮用水供应，洪水中的"孤岛"也相对较安全。可以先待在坚固的建筑物上等待救援，不要轻易转移。等到水退，或水位不再上涨的时候，再返回家园或找寻其他安全可靠地逃生方案。

被洪水围困时的自救措施：

被困高地、围堰、坝坎、山坡或楼顶时，处于较高位置，相对较为安全，但是也要确认建筑物是否坚固，注意观察洪水有没有继续上涨，房屋经过洪水浸泡是否存在坍塌的可能。如果有这些危险，要尽快向安全地方

转移。

饥饿和口渴时，不要擅自行动，可以挑选游泳技术好、身体强壮的年轻男性，返回居住地或就近寻找食物和洁净的饮水。注意观察汛情，不要在大水汹涌、水位持续上涨的情况下返回居住地或找寻食物和打捞落水财物。

妥善保管好通信工具，及时与外界或救援部门取得联系，发现舟、船、飞机等救援人员时，寻求最快最及时的救援帮助。

可以利用燃火、放烟、镜片反光、大声呼救或挥动鲜艳衣物等方法发出求救信号，以便取得搜救人员的注意，从而获救。

准备转移时，备好绳索，或用床单、衣物等做成绳索，捆绑在坚固处，以增加安全系数，减小风险。

### 22.洪水上涨应急自救

洪水总会停止上涨，一般来说，在洪水中逃生时，要寻找比水位更高的地方。

在底楼或低处时，可以借助上涨洪水的浮力，一点一点地向高层或高处移动。

水位不再上涨，不能再向高处攀爬时，仔细观察、判断水势是否会继续上涨；洪水的上涨能否危及生命；能否就近寻找一个更为稳定坚固的安全场所。

不得不转移时，要有计划、有目标地制定严密、安全、可行的预案。

### 23.落水应急自救

多人同时落水时，可以手拉手，肩并肩形成一道人墙用牵制力共同抵御洪水，减少洪水对个人的伤害。

落水以后，及时脱掉鞋子，因为鞋子灌水会增加自身负担，脱掉鞋子也可以有效地减少阻力。一定要想办法把头露出水面，防止被水呛到。

浪高水急时，只是依靠自身力量，很容易体力不支，一定要避免无谓的挣扎，以节省体力。

注意观察周围形势，及时躲避旋涡及水中夹带的碎石、树枝等其他可能会对身体造成伤害的重物。

收集身边漂过的木棍、秸秆、木质家具等作为救生物品。

积极找寻树木、坝坎、岸沿等较高的安全位置，改变现实处境。

落入洪水的时候，一定要保持强烈的求生欲望，不要轻易放弃。多坚持才有更多的获救机会。

## 24.掉落洪水中如何逃生自救

万一掉进洪水里，为避免呛水，要屏气并捏着鼻子；千万不要乱扑腾，可能洪水水流并不深，试试能否站起来。如水太深，脚不能触底，离岸较远时，就踩水助浮。注意身边有没有漂浮的物体可以增加浮力。如已被卷入洪水中，一定要尽可能抓住固定的或能漂浮的东西，寻找机

会逃生。

大多落入洪水丧命的人是由于惊慌失措而没有采取合适的对策而引起的。深呼吸有助于保持镇静。如果水温很冷，除了这些必要措施外，尽量避免消耗体力，以降低体热消耗。

鞋子也要记得脱掉，尤其是长筒靴子，一定要脱下来，否则注满水会使人下沉，但是不用扔掉，如果不会游泳的话，可以倒掉靴子里面的水，夹在腋下，充作浮垫。衣服不要脱掉，衣服能保暖，而且游离在衣服之间的空气可以提浮力。

如果会游泳，就游向最近的且容易登陆的岸边。如果是在江河中，不要直接径直游向河岸，因为这样既浪费力气又耗体力。可以顺流漂向下游岸边。如河流弯曲，就游向内弯，那里水流较缓慢，水深也可能较浅。

倘若不会游泳，要高声呼救，但不要浪费气力的狂叫。保持镇定并与救生人员合作。有人游来相救，一定要保持理智，出于求生本能而紧抱住救生人员只会导致双方都陷入困境，严重的更会因此丧生。

如果河岸陡峭，不易上岸，就先寻找其他的可供攀爬之物，选择最佳登陆处，依靠攀缘物挪移到岸边。不易攀爬时，就抓紧一件安全可靠的攀缘物，一边呼救，一边深呼吸。

落入洪水后可以用踩水的办法自救。踩水的方法有很多，比较常见的是采用立式蛙泳的动作，身体与水面构成的角度很大，接近于直立。踩水可以让头部保持浮出水面，还可以与像骑脚踏车那样让双脚在水里踩，双手前后、上下划动，这样可以增加浮力，保持平衡。另一种办法是双脚伸直，用小腿和脚轮流不停地打水，像自由泳那样。

### 25.在寒冷的水中如何自救

如果在寒冷季节落入水中，身体因为与冷水接触，体热消耗会很大，体温也随着下降，人的身体就处于一种低温状态。体热消耗的速度取决于当时的水温、随身衣服的保暖度以及落水者的自救方法。浸入冷水初期，皮肤表面的血管会收缩（以减少从血管传热到表面）并且发抖（以产生较多的体热）。但浸入时间久了，人体就不能保存并产生足够的热量，体温开始下降。下降到35℃以下时，人就会出现低温昏迷，下降至31℃以下，

人就会失去知觉，肌肉开始僵硬也不再发抖，瞳孔也可能扩大，心跳变得微弱而不规律。

因冷水的浸泡而发生的低温症，主要预防办法是有效地使用救生设备，减少在水中的活动，保持冷静，控制情绪，尽一切办法防止或减少体热的散失。救生装备主要是漂浮工具，如救生背心、抗浸服以及救生船，主要是避免身体与冷水直接接触。

**（1）保持冷静**

落入冷水者应该首先考虑保持体力，充分利用救生背心等救援物或抓住沉船漂浮物，安静地漂浮等待救援。这样也会减轻在进入冷水时的不适感。在没有救生背心，也抓不到沉船漂浮物时，就要马上离开即将沉没的船只，防止沉船造成的巨大旋涡或沉船附件对人体可能造成的伤害。用仰泳的姿势保持自己的身体漂浮在水面，以节省体力。只有当离海岸或打捞船的距离较近时，再考虑游泳。否则，即使是游泳技术再熟练，也不要轻易下水。

**（2）保护头部，采取一定的措施减缓体热散失**

不得已入水后要尽量避免头颈部浸入冷水里。头部和手的防护非常重要。在水中可以采取双手在胸前交叉，双腿向腹部屈曲的姿势，这是为了减少与水接触的体表面积，特别是保持几个最易散热的部位，即腋窝、胸部和腹股沟。如果是几个人在一起，大家可以挽起胳膊，身体挤靠在一起以保存体热。

## 26.在水中体力不支时如何应对

很多的获救往往缘于最后的坚持。感觉到体力不支时，要想办法保存体力，一定要保持乐观心态，相信一定会有人来救援。

在树上或抱着漂浮物时，为节省体力可以用衣服或鞋带等任何可供应用的东西将自己捆绑在树上或漂浮物上。

用木盆、木板、树木等相对安全的物品逃生时，不要为任何的可能的安全地带而拼命划水，如果不能获救，就会徒然消耗体力。

徒身漂流时，可以用仰卧姿势随波逐流，以节省体力。

不要挣扎胡乱扑腾，要细水长流地将体力慢慢释放出来。

# （二）洪水中的互救

## 1.溺水时的救护

溺水主要是人体浸没在水中时，气管内吸入大量水分阻碍呼吸，或因喉头强烈痉挛，引起呼吸道关闭、窒息而死亡。溺水者也会因为有大量的水、泥沙、杂物经口、鼻灌入肺内，引起呼吸道阻塞、大脑缺氧导致昏迷甚至死亡。

溺水后最常见的症状：溺水者面部青紫、肿胀，双眼充血，瞳孔散大，口腔、鼻孔和气管充满血性泡沫、泥沙或藻类，手足掌皮肤皱缩苍白，肢体冰冷，脉细弱，甚至抽搐或呼吸心跳停止。

溺水导致死亡很快，常常在4～6分钟内。因此，对溺水者的抢救，必

须迅速而及时。不习水性而落水者，不必慌乱，可以迅速采取自救：除呼救外，头使劲向后仰，下巴往外探出，尽量使口鼻露出水面，避免呛水，这时人会本能地将手上举或挣扎，但这只会加速身体下沉的速度，所以，一定要保持冷静，避免因挣扎造成更大的伤害。

会游泳的人如果因为乍入水中出现肌肉抽筋或因长时间在水中运动而发生肌肉疲劳也可以采取上述自救办法。救护者要镇静，尽量脱去外衣、鞋或靴等。游到溺水者附近时，要看准位置，为避免被溺水者因为本能的紧抱缠身，要从其后方出手救援，最好是用左手从其左臂或身体中间握其右手，或拖住头部，然后仰游回到岸边。来得及的话，可以带救生圈、救生衣或塑料泡沫板等。

溺水者出水后，首先清理口鼻内污泥、痰涕，将舌拉出，保持呼吸道通畅。然后进行控水处理，方法为：施救者单腿屈膝，让溺水者成俯卧的姿势，腰腹垫高，头向下，轻敲背部帮助排出肺和胃里的积水。检查其呼吸、心跳，如果停止，应该马上进行人工呼吸和胸外心脏按压，如口对口人工呼吸、气管插管、吸氧等。做好紧急抢救后马上送医院继续观察治疗。

注意事项：

抢救溺水者时，不要因为控水而花费太多的时间，重要的是检查其心跳，呼吸，并立即对其进行人工呼吸和胸外心脏按压；溺水者溺水后很容易并发肺水肿或肺部感染，做好紧急抢救后马上送医院继续做进一步的观察治疗。

乍一入水，如果发生小腿抽筋现象，必须赶紧上岸，坐下，把腿伸直，用手向后拉伸拇指，拍打按摩小腿肌肉。如果不能马上上岸，保持冷静，屏住气，在水中尽量完成上述动作，以缓解小腿抽筋症状。

救护溺水者时必须用救生圈、救生衣或木板等，借助工具施救。防止溺水者落水后，慌乱挣扎，会本能地紧抱施救者，影响救助。专职救生员有更多这方面的经验，而其他即使游泳技术很好的人，进行施救行为时也一定要小心，尽量不要徒手接近溺水者或者在溺水者正前方抱住溺水者进行施救。

溺水者上岸后，必须立即检查其呼吸、心跳。要保持溺水者呼吸道的畅通。如果发现呼吸有停止现象，必须马上对其进行人工呼吸和胸外心脏按压。

如果溺水者胃腹部灌了很多水，在溺水者意识还清醒时，就用膝盖抵住其背部，一手托住上腹部，助其弯腰控水，或施救者单腿跪地，让溺水者脸朝下趴在膝盖上吐出污水。

## 2.洪水来临时的自救与互救

如果洪水来势凶猛，势如破竹，已经来不及准备相应的避险工作和避险物资，甚至已来不及按安全的路线撤离时，那么，我们首先应该冷静地快速观察周围的情况而制定相应的避险措施。

尽可能往高的地方躲避。高楼、山坡、土丘、避洪台等地，相对比一般地方要高，如果洪水将近脚下，难以躲避，应该奔往就近相对高的地方躲避。或爬上屋顶、墙头，或攀上附近的大树，就地等待救援，不过，对于水一泡就有坍塌危险的土墙或泥缝砖墙房屋，则只能作为暂时的避难处，一旦有机会，就应想方设法迁往别处。假若水位已上涨到屋顶，那

么，也应该尽可能利用身边的东西架起一个防护棚，用以保暖。倘若屋顶是倾斜的，就得注意让自己固定在坚固的物体上，以免被洪水冲走。除非建筑物将被洪水冲垮，或屋顶已被淹没而被迫撤离，否则都应该留守原地等待洪水退去和救援。

如有可能，可以驾车躲避。在驾车躲避时，要注意遵从警示牌的指示，同时，也要注意避让障碍物。但是，如果已经没有油料或洪水已经漫过车身，则应及时撤出，不要滞留车内。

就地取材，巧妙运用。将身边任何可以漂浮的东西，如气垫船、救生衣、木盆、塑料盆等作为救生工具，或将床、木梁、箱子、圆木、衣柜等用绳子或床单等物捆扎作成简易的木筏，随其漂流，以减少洪水的冲击，不过，制作这些得在平时积累经验，且不到万不得已的时候，最好不要用这种方法。假如已经被卷入洪水之中，也要尽力抓住牢固的，或浮力大的物体，以免在水中受伤。没有落水的人要迅速将能运用的漂浮器具扔在落水者附近对其进行救助。熟悉水性的人，也应该想方设法救助年老体弱和不会游泳的人，不要只顾自己。

镇定且理性的求助。在被洪水包围后，不要惊恐畏缩，应该及时利用身边的通信工具同防汛部门取得联系，并清楚地告知被困位置，被困状况，以增加救援成功率。

### 3.洪水来临时、来临后的禁忌

切忌惊慌失措、大喊大叫；

切忌游泳逃生；

切忌接近或攀爬电线杆、高压线铁塔，以免触电；

切忌爬到泥坯房房顶；

切忌喝洪水，以免被某些疾病传染；

洪水退去以后，切忌徒步越过水流很快、水深过膝的小溪；

洪水退去以后，切忌乱服预防药物，应听从医生建议，并及时积极地配合当地卫生防疫部门的要求，搞好自己和周围的环境卫生，以预防传染病及防止蚊蝇滋生。

# （三）灾后防疫

## 1.水灾时注意饮食卫生

洪水发生时，人们忙于避灾，疲惫不堪，体力消耗很大，体质也会下降，而水灾很容易造成各种污染，饮食卫生就要非常注意。

不要食用被污水浸泡过或已经霉变、酸馊变质的食物。也不要使用不洁粮食做成的食物。

不要食用洪水淹毙的牲畜及家禽不能食用。水中死亡的鱼虾贝类大多是因为中毒死亡，也不要食用。

更不要食用虫蝇叮咬的食品、老鼠啃啮过的食品，水灾中，这些动物极易随身携带各种传染病菌。

药物喷洒等各种方法消灭虫蝇老鼠，制作防蝇罩，防止这些动物飞虫对食品的污染。

## 2.水灾后要注意饮水卫生

水灾中河流、湖泊、水库等地表水源都会遭受污染。而地下水、未落地的雨水，尤其是新鲜的泉水，这些都是比较安全的地表水，可以放心饮用，不过，饮用之前最好烧开。水灾过后，我们该怎样注意饮用水的安全和卫生呢？

饮用水源处的杂草、淤泥及垃圾一定要清除干净，防止再次污染，必要时候安排专人看管，尽可能用水管将水直接接到居住地，减少污染途径和可能性。

饮用地表水时必须经沉淀消毒并且煮沸后才能饮用。按比例在100千克水中加12克明矾，或加入1~2克漂白粉，搅匀并沉淀后，同样可以起到消毒的功效。

未经任何处理的地表水也许已经被污染或者带有传染病菌，一定不要直接饮用。

### 3.水井消毒

先把水井的水彻底淘干，清除出井底的污泥。一定不要饮用水灾过后水井中第一次渗出的井水。

等水井渗出的清水能够达到正常水位后，在每立方米水中加入含氯25%的漂白粉150~200克，浸泡12~24小时后，再把井水淘干。

自然渗水再次达到正常水位后，再按每立方米10~20克的比例投放漂白粉，漂白粉溶化或沉淀后即可饮用。

### 4.水灾防疫应急自救

加强公共卫生的管理。及时清理居住地及周边的生活垃圾，妥善做好粪便处理，对周围环境喷洒石灰水或福尔马林等进行消毒。

注意个人卫生，勤洗澡常换衣，多晾晒被褥，加强临时住所的通风换气。

发现疾病时，马上就诊治疗，需要的时候，配合卫生部门做好安全隔离工作，避免在人群密集处大范围的互相传染。

灾害时，除了要克服各种不方便的环境影响，还要比平时更加注意卫生。

## 5.灾后的防疫工作

为保证饮水卫生，尽可能喝开水。

为保证饮食卫生，杜绝腐败变质和受污染的食物；杜绝淹死、病死的动物肉；杜绝生食；杜绝没有削皮或没有经过洗烫的瓜果；杜绝没有煮透或凉的食品。

为保证环境卫生，要及时地组织群众快速清理浊水、污泥；对于水源、厨房和个人卫生，一定要一丝不苟；不把生活垃圾和粪便排入水中；腐烂了的动物尸体要先进行焚烧，然后再深埋。

## 6.灾后主要疾病预防

水灾中必须预防的主要疾病有腹泻、疥疮、呼吸系统感染等。完善的

社会保障和积极的个人预防，能够有效地防止和控制疾病的扩散、蔓延和传播。

灾后的疾病预防措施：

注意个人的饮食卫生，包括食物和饮用水，不食用被污染了的水和食物。

用消毒剂清洗所有可能被污染的地方，经常保持居住环境的清洁和通风。

保持个人身体卫生，勤洗澡常换衣。

注意已患病病人的隔离工作。

不要让孩子、老弱者近距离接触传染病患者，一定不要触摸和食用水灾溺毙的动物。

### 7.洪水过后不应忽视的其他防疫

洪灾时饮用水源或供水系统遭到严重的污染或破坏；洪水退后，动、植物体的腐烂，大小水体的存在等造成蝇、蚊的大量滋生。因此，洪灾后认真搞好消毒工作与媒介生物的控制是防止灾后出现大疫的重要卫生防疫措施之一。

**（1）沉淀处理**

加混凝剂硫酸铝（硫酸铁）1.25～2.5克/25升或明矾2.5～3.75克/25升，搅和至水中出现矾花为止，静置澄清约1个小时，取上清水进行消毒，去下混浊水。实无混凝剂时也可直接将混浊水静置，但沉淀时间要长得多。

消毒澄清水加消毒剂作用30分钟，有效氯的投加量一般应不少于1～2毫克/升。消毒剂可任选一种使用，如漂白粉，4～8毫克/升；漂白精，2～4毫克/升；优氯净，4毫克/升；其他消毒剂使用详见使用说明书。有的将消毒后的水再加脱味剂，如0.5克无水硫代硫酸钠可使500升水中去掉1毫克/升的氯，以解决消毒后的水味问题。

**（2）粪便处理**

粪便处理不好，极易污染水源，滋生蝇类。灾民安置点设临时厕所，不随地大小便。

粪便消毒采用10份粪水加1份漂白粉，搅拌，2小时后倒在指定地点掩埋。

肠道传染病人的粪便，按5份与漂白粉1份的比例，或加等量生石灰，搅匀2～4小时后，倒在指定地点掩埋。

### （3）动物尸体处理

对洪灾造成的动物尸体，要及时进行消毒、深埋在1.5～2米以下。掩埋点须选在地势高、远离水源处。尸体选用10%漂白粉澄清液，按200毫升/平方米用量喷雾，1～2小时后掩埋，掩埋时再用漂白粉干粉20～40克/平方米的量洒盖于尸体上，然后覆土掩埋。运输车辆、使用的工具，用1%～2%的漂白粉澄清夜喷雾，1小时后方可作他用。

# （四）减轻灾害

## 1.洪水灾害应急

灾害过程中要突出以人为本，最大限度地降低灾害事件所造成的人员伤亡和财产损失，提高应急响应能力，尽可能地保护自然资源和环境。

为了更加有效地开展突发事件的管理和救助工作，国务院在2006年1月发布了《国家突发公共事件总体应急预案》。《预案》根据突发公共事件的发生过程、机理和性质，将其分为以下四类：

（1）自然灾害；

（2）事故灾难；

（3）公共卫生事件；

（4）社会安全事件。

按照各类突发公共事件的可控性、严重程度和影响范围等多个因素，分为四级：

（1）特别重大（I）；

（2）重大（II）；

（3）较大（III）；

（4）一般（IV）。

同时还根据风险分析结果，依次用红色、橙色、黄色和蓝色来表示将可能发生和可以预警的突发公共事件。目前，我国主管防洪的机构分为两大序列，即中央和地方。国家防汛总指挥部由国务院设立，统一指挥全国的防汛工作。国家防汛总指挥部办公室设在水利部，为防汛总指挥部的办事机构，负责管理全国防汛的日常工作。省、地、县设立防汛指挥部，当地行政领导做总指挥，办事机构设在其相应水行政主管部门，负责所辖地区内的防汛组织和指挥工作。为了方便防汛组织和指挥工作，各大江河流

域也设有防汛指挥部。近年来，我国洪水灾害的应急管理工作取得了显著成绩，应急队伍建设和技术装备水平在不断加强，较好地保障了人民的生命和财产安全。

## 2.洪水灾害救济与社会捐助

中华人民共和国成立以来，我国实行"预防为主，防救结合"的救灾方针。依靠集体，依靠群众，以生产自救为主，国家救济为辅，同时动员全国人民在生活物资上积极支援灾区，做好救灾工作。在历次防洪抗洪斗争中，我国人民都做到了：无灾支援有灾，轻灾支援重灾；城市支援农村，工业支援农业，各行各业支援灾区。1989年，重庆遭受特大洪灾，全国人民共同努力，积极筹备救援物资。在灾后短短20天时间里，筹集救灾资金达2300万元，粮食近110万千克，救灾衣物80多万件，救灾物资折款412万多元。1991年江淮大水，1998年松花江、长江发生特大洪水，全国人民团结一心，向灾区捐钱捐物，国际社会方面也伸出了援助之手，有力地支持了灾区生产自救和重建家园的工作。

### （1）洪水灾害保险与基金

抗灾、救灾、安置灾民、恢复生产，需要大量的人力物力和资金。灾害保险作为灾害转移的一项非常重要经济活动，越来越受到国内保险机构和进入我国的国际保险机构的关注。实践证明，保险工作在重建灾区、安置灾民生活中发挥了巨大的作用，做出了杰出贡献。

1980年中国人民保险公司设立水灾保险，它是该公司恢复业务后的一个非单一综合险种。到目前为止水灾保险已经经历了多起较大赔付活动，如1981年四川大水，1982年武汉水灾，1983年陕西安康洪水，1985年、1986年辽宁水灾，1991年江淮大水，1998年松花江、长江特大洪水等。在这些大水灾赔付中，水灾保险表现了其优越功能和作用。但是，总的来讲，洪水灾害保险事业才刚刚起步，尚未走入正轨，还有许多问题需要研究和探索。目前当务之急是扩大保险业务范围，进行保险灾害区划，使全社会都来协助救灾、减灾。救灾基金是指社会和政府筹集的专门用于灾后灾民生活救济的款项。我国目前还没有开展这项工作，但国际经验表明，专项救灾基金的发放，对于人民生活安置、灾区重建所起的作用绝不亚于

保险。因而，随着经济的发展，国家和社会团体及个人收入的增加，十分有必要增设抗灾、救灾基金。

（2）减灾立法

1997年我国通过了《中华人民共和国防洪法》，但有关条例仍需进一步研究和制定，而且我国到目前为止还没有一个综合性规范防灾、减灾工作的全面大法，防灾、减灾亟待走向法制化。要想最终保障防灾、减灾体制顺利建立和发展，灾害立法是根本出路。为了保证各项减灾措施的实施，必须制定相关法律法规，做到以法减灾。只有通过有关法律、法规的颁布，才能节制人类非科学活动和盲目地开发，惩治对减灾工作和减灾工程的破坏行为，才能明确各级政府的职责，从根本上建立起全国统一的防灾体制，使人们在减灾活动中，有法可依，依法行事。值得欣慰的是，我国已成立了国家减灾中心和国家减灾委，全面领导、组织、协调各个部门和区域的减灾业务，加快速度实现减轻自然灾害的目标。

### （3）减灾规划

为了更好地做好减灾工作，调动一切可以调动的积极因素，合理配置资源，最大限度地减轻自然灾害造成的经济损失和人员伤亡，促进社会可持续发展，国务院在1998年颁布实施《中华人民共和国减灾规划（1998～2010年）》。《中华人民共和国减灾规划（1998～2010年）》明确了中国减灾工作的指导方针、主要任务和目标，成为我国减灾工作的基本依据。在此基础上，各地区、各行业、各部门都大力加强了减灾工作，国家减灾救灾能力有了明显提高。所以应在《中华人民共和国减灾规划（1998～2010年）》的指导下，依据实际情况，建立和发展符合我国洪水灾害特点的减灾体系，开展广泛深入的减灾工作，进一步减少灾害造成的经济损失和人员伤亡，促进我国改革事业的进一步发展。

## 3.尊重自然规律，减轻洪水灾害

虽然现在看古代人对黄河和其他河流的敬畏，感到有些可笑，但在当时，人们是非常认真的。清朝的时候，皇帝曾派专人去调查河源，不是为了科学考察或者治理黄河，而是为了祭河神，因为当时人们认为黄河之所以灾害不断，是没有按时供奉河神。

生活在现代社会的我们，当然不再需要有这样一个虚无缥缈的河神，但是我们要尊重大自然的规律，不能盲目开发。构建河流综合治理框架并且实现这一框架，可以避免违背自然规律的不合理开发，能为我们的未来、为我们的子孙后代留下发展的空间。

**（1）减灾教育**

随着社会经济的不断发展，人们的减灾意识也越来越强。减灾教育任何时候都不能放松，因为它是提高减灾能力的基础，也是全民风险意识养成的重要措施。

减灾教育强调公众防灾意识养成与学校减灾教育相结合。减灾意识的养成需要针对各种各样的文化环境，要利用一切可以利用的传媒手段，多

个层次地开展宣传与普及工作，普及避险知识，整合各种传媒渠道，形成系统与持续的防灾避险知识的全民普及，使社会各界都形成自觉的风险综合防范体系。学校减灾教育要注重实践，如掌握最基本的应急避灾常识和技能，要关注各种应急响应与减灾"标志"的标准化与国际化，以满足不同语言和文化环境条件的灾民应急的需要。

### （2）洪水灾害风险评价

在对灾害问题系统综合理解的基础上，建立区域自然灾害的综合风险评价，对综合灾害风险管理有着非常重要的意义。

灾害风险评价一般有广义和狭义两种理解，下面我们简要介绍一下两类风险评价。

广义的灾害风险评价，是对灾害系统进行风险评价，它包括致灾因子风险分析、孕灾环境稳定性评估、承灾体脆弱性与恢复力评价等多个方面。其中，脆弱性和恢复力概念是近年来国际灾害学领域研究的热点内容。联合国在2001年的关于自然灾害和可持续发展的背景资料中明确提出，制定减灾政策和实施减灾措施必须围绕以下两个目标：

确保社会对自然灾害的可恢复性；

确保当前的发展不会增加社会对灾害的脆弱性。

脆弱性的内涵是"承灾体遭受破坏的趋势"。它是一个综合概念，可分为三大类：社会脆弱性，自然脆弱性，综合脆弱性。

这三大类分别侧重于社会经济特性、暴露程度、地区综合的抵御和恢复能力。而联合国国际减灾策略中将灾害恢复力定义为：改变灾情或社区、系统和社会抵抗灾害的能力，以使其保持一种可接受的结构和功能水平。它由社会系统的增加学习能力、适应容量的能力和自组织能力来决定。目前，脆弱性和恢复力概念已经在地理学对复杂性问题的研究中得到广泛的应用。当前洪水灾害风险评价的热点研究问题是如何将洪水灾害的脆弱性、恢复力评价等内容与传统风险评价的工作结合起来，为政府部门决策和保险行业提供科学依据。只有了解了脆弱性和恢复力的内涵和影响因素，我们才能知道如何来降低脆弱性，增加恢复力，如何明确识别承灾体的脆弱性、恢复力和风险，让灾害损失降到最低。

　　狭义的风险评价就是从对危险的辨识到对危险性的认识，进而开展风险评价。它通常是对风险区遭受不同强度灾害的可能性以及可能造成的后果进行定量的分析和评估。20世纪80年代初，美国就编制了江河洪水风险图，为区域水灾保险和水灾影响评价提供了重要的依据。我国的洪水风险图工作起步则比较晚，但自1984年以来，我国水利水电科学研究院已经完成了辽河中下游地区、黄河北金堤滞洪区和淮河蒙洼分洪区、东平湖分洪区等地区的洪水风险图，以及广州市和沈阳市的城市洪涝灾害风险图，等等。1997年，黄河流域有关省区和黄委会承担了黄河下游、黄河小北干流等地区洪水风险图绘制工作，主要方法是利用历史洪水调查资料、推算洪水水面和水力模型相结合的方法，此外，还采用了数学模型模拟洪水演进的方法。

**（3）洪水灾害风险管理对策**

　　我国的洪水灾害风险管理必须依据国情，从实际出发，结合经济发展的规划和国家的经济条件，将洪水灾害风险管理纳入国民经济体系中，从

宏观战略的角度加以综合考虑。在洪水灾害风险管理体系中，必须明确界定不同利益主体、不同部门在不同阶段的责任、义务与权利。

洪泛区防洪减灾与可持续发展的核心是土地利用格局调整与控制，人类活动适应自然洪水行为的重要途径是区域土地利用调整与控制。目前，科技水平有限，人类改造自然的能力也是有限的，"人定胜天"是不可能实现的，无数试图战胜自然的实践都已失败，这就表明，只有谋求与洪水共生存、与自然共生存的策略，才能将灾害损失最小化，从而实现人类社会经济的可持续发展。土地利用调整主要包括：①区域经济发展布局调整；②产业结构调整；③农业种植结构调整和利用方式与强度调整。土地利用控制主要是针对洪泛区特殊的地理和水文条件，限制对其进行违背自然规律的开发利用，从而降低区域成灾的脆弱性和风险性，并使人类的经济活动远离洪水灾害的高风险地区。土地利用调整与控制在区域防洪减灾过程中必须长期坚持，它必须结合约束机制与适当的激励，并配合法律手

段和必要的政策，形成防洪减灾与经济发展的良性循环。在区域土地利用调整与控制过程中，处理好不同流域与地区之间、整体与局部之间、长远利益与近期利益之间、部门与城乡之间的矛盾和利益协调，配以合理的分担与补偿机制，是非常关键的一个问题。

洪水灾害风险管理的关键是建立高效的风险分散与分担机制。风险控制中的重要对策是风险分散，它一方面通过增加风险单位的数量，从而使损失经历更具有可预测性；另一方面通过各种工程措施，使洪水灾害风险在空间和时间上得以转移或降低。

### 4.减轻洪水灾害

洪水灾害是一种自然现象，它不以人的意志为转移。期望洪水灾害不再发生和根治洪水的想法都是不现实的。但人类活动可以改变，减小或扩大其危害性及影响范围，改变洪水灾害事件发生的频率及生命财产的受灾损失率，因此减灾建设显得非常重要。

**（1）减灾建设基本方针**

以防灾为主，防灾、抗灾和救灾相结合；

以生产自救为主，生产自救、互助互济和国家救济扶持相结合；

以群众为主，群众、集体和国家力量相结合。

**（2）灾害管理思想**

研究河流的自然规律使其造福于人类；

实现人、水的和谐共存，注重与水为友；

注重工程措施与非工程措施的有机结合和流域区域利益与全局利益相协调。

**（3）工程措施减灾**

工程措施是抵御洪水最有效的手段之一，在人类与洪水的斗争历史中扮演了极其重要的角色。具体而言，工程措施主要包括水库、河道堤防、蓄滞洪区、分洪工程和河道整治工程等。

河道堤防不光是最早出现防洪工程，还是应用历史最久的防洪工程。早在春秋时期，我国黄河下游的堤防工程已经初步形成了；战国时期，黄

河下游堤防规模已经相当大了；到了明代，堤防工程的施工、管理和防守技术都达到了很高的水平。中华人民共和国成立以来，黄河大堤工程在修、防、管方面都取得了很大进展，科学技术水平有了很大提高。目前，黄河下游各类堤防总长2291千米，其中临黄堤长1371.227千米。

长江中游的江汉平原地区也有十分重要而且历史悠久的荆江大堤。荆江大堤身负重任，是江汉平原防洪安全的屏障，保护着800万人民的生命财产安全和53万平方千米的耕地。它的建设最早可追溯到公元东晋永和元年（345），至明嘉靖二十一年（1542），从堆金台至拖茅埠长124千米的堤段连成整体，在当时称为万城大堤。乾隆五十三年（1788）大溃后，乾隆调12县知县，拨库银200万两修筑荆江大堤，堤身得到加强。中华人民共和国成立以后，大力加固荆江大堤。

水库也是防洪的主要工程措施之一。水库不仅具有供水、发电、蓄水灌溉等作用，还具有防洪的功能。水库的防洪作用主要表现在两方面：

通过拦蓄洪水，减少下游地区的洪峰流量；

　　直接或间接为干流洪水错峰或削峰，优化整体防洪调度。

　　一般情况下，水库库容越大，在抗御洪水中的防洪效益就越明显。我国最著名的水利水电工程三峡大坝，不但具有年均5000万吨的航运能力以及849亿千瓦时的发电能力，而且其221.5亿立方米的防洪库容，也将在长江防洪体系中发挥巨大的作用：

　　荆江河段防洪标准从十年一遇提高到百年一遇；

　　荆江两岸的1500万人口和154万公顷耕地更加安全；

　　武汉地区的防洪安全得到保障；

　　大大减轻了洞庭湖区的洪水威胁；

　　极大地增强长江中下游防洪调度的可靠性和灵活性。

　　防洪的另一重要工程措施是分洪工程，其主要作用是蓄纳或分泄干流超额洪水，削减干流洪峰流量，以保证干流中下游地区的防洪安全。

　　荆江分洪工程是保障荆江大堤安全的重要防洪工程措施。荆江两岸平原区人口1000余万人，共有耕地约133万公顷，是中国著名的农产区，也是历史上长江中下游洪灾最为频繁并且严重的河段。荆江河段的安全泄洪能力与上游巨大而频繁的洪水来量很不适应，上游来量常在60000立方米

/秒以上，最大高达110000立方米/秒，而河道仅能安全通过60000立方米/秒左右，遭遇洪水频繁，相当于10年一遇，其防洪能力与荆江区的重要地位极不相称。中华人民共和国成立以后，国家决定兴建荆江分洪工程。1952年4月5日荆江分洪工程开工，主体工程历时75天建成，工程主要由分洪闸、分洪区围堤、分洪工程和节制闸等组成。全区面积920平方千米，东西宽约30千米，南北长约70千米，四面环堤，有效容积54亿立方米。

## 5.都江堰水利工程

都江堰水利工程举世闻名，是我国乃至世界历史上水利工程的典范。它的存在证明了一定要有正确的洪水自然观，积极防御引导，工程措施是减轻洪水灾害的有效方法。

都江堰位于岷江，在四川的成都平原西部。岷江贯穿成都平原，是长江上游最大的支流之一，是古代蜀地的重要河流。没有修筑都江堰以前，岷江水害严重，每到夏秋汛期，洪水大至，泛滥成灾，汛后又水枯河干，引发旱灾，百姓苦不堪言。

公元前256年，当时任蜀郡太守的李冰主持修建了后来名扬中外的都江堰水利工程，不仅消除了水患，而且便利了灌溉、发展了航运，一举数得，使水灾频发的成都平原变为旱涝保收的天府之国，这实在是一个奇迹。

　　都江堰的水利枢纽位于自岷江的咽喉地带——灌县（现都江堰市）。它由很多建筑物组成，其中最主要的是鱼嘴、宝瓶口和飞沙堰。

　　鱼嘴是一座分水建筑物，修建在自岷江江心，形状很像鱼的嘴巴。作为分水坝的鱼嘴，把岷江江水分为东西两股。东股叫内江，起引水进入平原区进行灌溉的作用。西股叫外江，是岷江的主流，起泄洪作用。李冰对鱼嘴和一些辅助堤堰的设计可谓是煞费苦心，春耕季节，使大部分的岷江来水（约60%）进入内江以满足灌溉需要。洪水季节，内外江的分水比例则自动颠倒过来，60%的水进入外江排泄，匠心独具，非常奇妙。

　　内江和成都平原之间还有一座玉垒山。为把内江的水引入成都平原，李冰将玉垒山凿开，建成一个引水口，宽约20米，长80米，高40米，工程艰巨。这个引水口就是宝瓶口。内江水流入宝瓶口后，就分道进入许多大大小小的河渠，组成一个扇形水网，其间互相交错灌溉着成都平原的大片田地。

　　宝瓶口前的侧面，被称为飞沙堰。当进入内江的流量超过宝瓶口的容

量上限时，其余的江水会从飞沙堰顶自动溢入外江。此外，上游的流水还会挟带下来一些泥沙石卵进入内江，也通过飞沙堰排入外江，防止宝瓶口和下游灌溉区淤积变浅，"正面进水、侧面排沙"，这又是一项匠心独运的巧妙设计。飞沙堰实际上就是一座泄洪排沙闸。

都江堰枢纽巧妙的构思，显著的成效，科学的配合，也值得现代水利专家的学习借鉴。都江堰工程竣工后，成都平原的百姓从此再无水患之忧，变成一个天府之国。都江堰距今已有2200年的历史了，历朝历代不断维修改建，至今还在应用，实在是我国科技史上的一座不朽的丰碑。都江堰已被评选为"世界文化遗产"。

## 6.国外防洪工程

国外在防洪工程建设方面也有许多成功的案例。如胡佛大坝、阿斯旺高坝、荷兰海堤、密西西比河防洪工程等。

### （1）胡佛大坝

胡佛大坝是集灌溉、航运、防洪、工业用水、城市生活以及发电等多项功能于一体的水利工程。建在美国的科罗拉多河，距拉斯维加斯50.6千米，流经亚利桑那州和内华达州交界的黑峡中大孤石处，它主要是为解决科罗拉多河流域的水流调控问题而建的。

### （2）阿斯旺大坝

阿斯旺高坝位于埃及尼罗河上，在开罗以南约800千米。这也是一座集防洪、抗旱、灌溉、发电、航道改造于一体的综合水利工程。水库的防洪库容有410亿立方米，分洪区的期容量为1196亿立方米（分洪趋上游250千米的左岸岸边），完全能够控制尼罗河洪水，并且成功地经受了1964年、1975年和1988年多次特大洪水冲击的考验。

### （3）荷兰海堤

荷兰海堤也是世界著名的抵御风暴潮的防护工程。荷兰国土面积中约有1/4低于海平面，65%以上的土地需要筑造堤防保护。北海东南部呈漏斗状，南窄北宽。自北大西洋东进的低气压常使北海产生巨大的风暴潮，冲击荷兰海岸。洪水侵入须德海和莱茵河、马斯河、斯海尔德河

在三角洲上的7个河口湾，给这些地区带来严重灾害。150年以来，已经出现过10余次这样的特大风暴潮。尤其是发生在1953年1月底的一次风暴潮，使荷兰西部沿海一带浪高达到2.5～3米，被洪水淹没的陆地约有1600平方千米，近2000人丧生。为防御洪水入侵，荷兰建设了一套防洪系统，由海堤、围堤与拦海坝、泄洪闸等组成，包括在北海、须德海及三大河流河口湾沿岸修筑的总长约2500千米的海堤和河堤，以及附有船闸和泄水闸的拦海大坝等。

**（4）密西西比河防洪工程**

密西西比河流域辽阔，支流众多，是美国最大的河流，但也是美国洪灾最为严重的地区。100多年以来，密西西比河已经发生过重大洪灾36次，平均3年1次。尤其是1993年，上密西西比河流域发生的一次特大洪水，95个预报站水位均超过历史最高水位，有9个州遭受到这次水灾的侵袭，约占美国土地面积的15%。圣路易斯站流量超过30000立方米/秒（1973年为24100立方米/秒），水位超过1973年最高水位1.95米。这次洪灾造成38人死亡，5万多间房屋全部被毁，54000人被迫背井离乡，直接经济损失达150亿～200亿美元。

密西西比河的防洪从下密西西比河筑堤开始。1717年，法国殖民者即在新奥尔良附近筑堤保护该市，此后不断加长堤防。1879年，成立密西西比河委员会，对密西西比河的防洪、航运工程进行了积极的整治。1927年，密西西比河再次发生水灾，1928年，美国国会通过了《1928年防洪法》，要求建设包括防洪在内的多目标工程，以促进经济效益的不断增长。以后，国会又陆续通过了各种防洪法案，推动了密西西比河大规模的防洪工程建设。

到现在为止，密西西比河的防洪系统由堤防（含防洪墙）、分洪工程、河道整治、支流水库等工程措施及洪水预报与警报系统、洪泛区管理系统等非工程措施组成。其中，密西西比河的主要防洪工程是堤防。该河现有包括城市防洪墙在内的干流堤防3540千米，支流堤防约4000千米，保护耕地606.7万公顷。干流堤防平均顶宽9米，高7.5米，高出当地最高洪水位1.5米。当密西西比河洪峰流量超过河槽宣泄能力时，即运用阿查法拉亚分洪工程、新马德里分洪工程和邦内特卡雷分洪道等分洪工程分泄多

余的洪水。此外，密西西比河委员会还建立了有较大防洪作用的支流水库150余座，总库容达2000亿立方米，并及时整治下密西西比河河道，20世纪三四十年代，在孟菲斯至雷德河码头之间裁弯16处，使该段河流泄洪能力增加2800~22600立方米/秒。这些防洪工程建设历时50多年，创造了巨大的效益。据统计，1970~1980年累计防洪经济效益达800亿美元，1983年一年就有170亿美元之多。1993年仅水库的防洪经济效益也达到了110亿美元。